*Les
Voyages extraordinaires*
Couronnés par l'Académie française.

VOYAGE
AU CENTRE
DE
LA TERRE

PAR
JULES VERNE

NOUVELLE ÉDITION

PARIS
LIBRAIRIE HACHETTE ET Cⁱᵉ
79, BOULEVARD SAINT-GERMAIN, 79

Tous droits de traduction et de reproduction réservés.

Extrait du Catalogue de la
BIBLIOTHÈQUE D'ÉDUCATION ET DE RÉCRÉA[TION]

VOLUMES IN-18 AVEC GRAVURES

Chaque volume : Broché, 3 fr. — Cartonné tranches dorées, 4 [fr.]

Biart (L.), Jeune Naturaliste. — Entre Frères et Sœurs. — Boissonnas (B.). Une famille pendant la guerre 1870-71. — Christmas (Walter) Camarades de bord. — Clément (Ch.), Michel-Ange, Raphaël, etc. — Desnoyers (L.), J.-P. Choppart. — Dubois (F.). La Vie au Continent noir. — Dupin de Saint-André, Double conquête. — Egger. Histoire du Livre. — Erckmann-Chatrian L'Invasion. — Madame Thérèse. — Les Deux Frères. — Histoire d'un paysan, 4 vol. — Genest (C.). Les Aïeules du passé (Cent dictons populaires français). — Genevraye. Marchand d'allumettes. — Théâtre de famille. — Hugo (V.). Les Enfants. — Laprade (de). Le Livre d'un Père. — Laurie (A.). Vie de collège en Angleterre. — Mémoires d'un Collégien. — Année de Collège à Paris. — Histoire d'un Écolier Hanovrien. — Tito le Florentin. — Autour d'un Lycée japonais. — Bachelier de Séville. — Mémoires d'un Collégien Russe. — Axel Ebersen. — L'Écolier d'Athènes. L'Oncle de Chicago. — La Tour du Globe d'un Bachelier. — L'Écholier de Sorbonne. — Un Semestre en Suisse. — De New-York à Brest. — Héritier de Robinson. — Capitaine Trafalgar. — Selene Company Limited, 2 v. — Le Secret du Mage. — Atlantis. — Le Rubis du Grand-Lama. — Le Géant de l'Azur. — Gérard et Colette. — Le Filon de Gérard. — Colette en Rhodésie. — Le Maître de l'Abîme. — Legouvé (E.). Pères et Enfants, 2 v. — Nos Filles et nos Fils. — Art de la Lecture. — Lecture en action. — Une élève de 16 ans. — Epis et Bleuets. — Lermont (J.). Un heureux Malheur. — Macé (J.). Histoire d'une Bouchée de Pain. — Serviteurs de l'estomac. — Contes du Petit Château. — Arithmétique du grand-papa. — Les soirées de ma tante Rosy. — Mayne-Reid. Le Désert d'Eau. — Les Robinsons de Terre ferme. — Noussanne (de). Le Château des Merveilles. — Perrault (P.). Ma Sœur Thérèse. — Rambaud (Alfred). L'Anneau de César, 2 v. — Ratisbonne (L.). La Comédie Enfantine. — Reclus (E.). Histoire d'une Montagne. — Sandeau. Roche aux [Mouettes]. — Stahl (P.-J.) Morale familière. Histoire d'un âne et de deux jeunes filles. — Maroussia. — Les quatre filles du Dr Stahl et Muller. Nouveau Robinson. — Stevenson. L'Ile au Trésor. — Vadot. Théâtre à la Maison et à la Pension. — V[erne] Radot (R.), Volontaire d'un an. — Vansel. Les Arbres légendaires. — Zieliganda des Ecoliers de France. — Verne (J.) [Cap]taine Hatteras, 2 v. — Enfants du Capitaine, 3 v. — Autour de la Lune. — 3 Russes et 3 A[nglais en Afrique australe]. 5 semaines en ballon. — De la Terre à la [Lune]. Pays des Fourrures, 2 v. — Tour du Monde en 80 jours. — 20,000 lieues sous les Mers, 2 v. — V[oyage au] centre de la Terre. — Ville flottante. — Doc[teur] Chancellor. — Ile mystérieuse, 3 v. — [Michel] Strogoff, 2 v. — Indes Noires. — Hector Servadac. — Capitaine de 15 ans, 2 v. — Les Tribulations Chinois. — 500 millions de la Bégum. — [Maison à] vapeur, 2 v. — La Jangada, 2 v. — École des Robinsons. — Rayon Vert. — Kéraban le Têtu. Etoile du Sud. — Archipel en feu. — M[athias San]dorf, 3 v. — Robur le Conquérant. — [Lo]terie. — Nord contre Sud, 2 v. — Chemin [de France]. — Deux ans de Vacances, 2 v. — Famille [sans nom], 2 v. — Sans dessus dessous. — César Ca[scabel] — Mrs Branican, 2 v. — Château des Carpathes. — Claudius Bombarnac. — P'tit Bonhomme. — Maître Antifer, 2 v. — Ile à Hélice, 2 v. — [Face au] Drapeau. — Clovis Dardentor. — Sphinx des [Glaces], 2 v. — Superbe Orénoque, 2 v. — Le Testament d'un Excentrique, 2 v. — Seconde Patrie. Le Village aérien. — Histoires de J.-M. Cab[idoulin]. — Frères Kip, 2 v. — Bourses de Voyage, 2 v. Drame en Livonie. — Maître du Monde. — [Inva]sion de la Mer. — Phare du bout du Mo[nde] — Volcan d'or, 2 v. — L'Agence Thompson et Cie, 2 v. — La Chasse au Météore. — Le Pilote du Danube. — Les Naufragés du «Jonathan», 2 v. — Le Secret de Wilhelm Storitz. — Hier et demain : Contes et Nouvelles. — Premiers explorateurs, 2 v. — Grands Navigateurs, 2 v. [Voya]geurs du XIXe siècle, 2 v. — Verne et L[aurie]. Epave du Cynthia.

VOLUMES IN-18, SANS GRAVURES

Chaque volume : Broché, 3 fr. — Cartonné tranches dorées, 4 fr.

Brachet. Grammaire historique (couronné). — Suzanne. Histoire de la Cavalerie. Petit (A.). Grammaire de l'Art d'écrire.

VOLUMES IN-18 — PRIX DIVERS

Brachet. Dictionnaire étymologique, 4 fr. — Legouvé (E.). Petit Traité de Lecture, 1 fr. Grimard (E.). Botanique à la campagne (Manuel de l'herboriseur), 4 fr.

58343 Paris. — Imprimerie GAUTHIER-VILLARS ET Cie, quai des Grands-Augustins, 55.

VOYAGE
AU
CENTRE DE LA TERRE

LES VOYAGES EXTRAORDINAIRES

VOYAGE AU CENTRE DE LA TERRE

COLLECTION HETZEL

VOYAGE AU CENTRE
DE
LA TERRE

PAR

JULES VERNE

CINQUANTE-CINQUIÈME ÉDITION

PARIS
LIBRAIRIE HACHETTE ET Cie
79, BOULEVARD SAINT-GERMAIN, 79

1919

Tous droits de traduction et de
reproduction réservés pour tous pays.

VOYAGE
AU CENTRE DE LA TERRE

I

Le 24 mai 1863, un dimanche, mon oncle, le professeur Lidenbrock, revint précipitamment vers sa petite maison située au numéro 19 de König-strasse, l'une des plus anciennes rues du vieux quartier de Hambourg.

La bonne Marthe dut se croire fort en retard, car le dîner commençait à peine à chanter sur le fourneau de la cuisine.

« Bon, me dis-je, s'il a faim, mon oncle, qui est le plus impatient des hommes, va pousser des cris de détresse.

« — Déjà M. Lidenbrock ! s'écria la bonne Marthe stupéfaite, en entre-bâillant la porte de la salle à manger.

— Oui, Marthe ; mais le dîner a le droit de ne point être cuit, car il n'est pas deux heures. La demie vient à peine de sonner à Saint-Michel.

— Alors pourquoi M. Lidenbrock rentre-t-il ?

— Il nous le dira vraisemblablement.

— Le voilà ! je me sauve. Monsieur Axel, vous lui ferez entendre raison. »

Et la bonne Marthe regagna son laboratoire culinaire.

Je restai seul. Mais de faire entendre raison au plus irascible des professeurs, c'est ce que mon caractère un peu indécis ne me permettait pas. Aussi je me préparais à regagner prudemment ma petite chambre du haut, quand la porte de la rue cria sur ses gonds ; de grands pieds firent craquer l'escalier de bois, et le maître de la maison, traversant la salle à manger, se précipita aussitôt dans son cabinet de travail.

Mais, pendant ce rapide passage, il avait jeté dans un coin sa canne à tête de casse-noisette, sur la table son large chapeau à poils rebroussés, et à son neveu ces paroles retentissantes :

« Axel, suis-moi ! »

Je n'avais pas eu le temps de bouger que le professeur me criait déjà avec un vif accent d'impatience :

« Eh bien! tu n'es pas encore ici? »

Je m'élançai dans le cabinet de mon redoutable maître.

Otto Lidenbrock n'était pas un méchant homme, j'en conviens volontiers; mais, à moins de changements improbables, il mourra dans la peau d'un terrible original.

Il était professeur au Johannæum, et faisait un cours de minéralogie pendant lequel il se mettait régulièrement en colère une fois ou deux. Non point qu'il se préoccupât d'avoir des élèves assidus à ses leçons, ni du degré d'attention qu'ils lui accordaient, ni du succès qu'ils pouvaient obtenir par la suite; ces détails ne l'inquiétaient guère. Il professait « subjectivement », suivant une expression de la philosophie allemande, pour lui et non pour les autres. C'était un savant égoïste, un puits de science dont la poulie grinçait quand on en voulait tirer quelque chose. En un mot, un avare.

Il y a quelques professeurs de ce genre en Allemagne.

Mon oncle, malheureusement, ne jouissait pas d'une extrême facilité de prononciation, sinon dans l'intimité, au moins quand il parlait en public, et c'est un défaut regrettable chez un orateur. En effet, dans ses démonstrations au Johannæum, souvent le professeur s'arrêtait court; il luttait contre un mot récalcitrant qui ne voulait pas glisser entre ses lèvres, un de ces mots qui résistent, se gonflent et finissent par sortir sous la forme peu scientifique d'un juron. De là, grande colère.

Il y a en minéralogie bien des dénominations semi-grecques, semi-latines, difficiles à prononcer, de ces rudes appellations qui écorcheraient les lèvres d'un poète. Je ne veux pas dire du mal de cette science. Loin de moi. Mais lorsqu'on se trouve en présence des cristallisations rhomboédriques, des résines rétinasphaltes, des ghélénites, des tangasites, des molybdates de plomb, des tungstates de manganèse et des titaniates de zircone, il est permis à la langue la plus adroite de fourcher.

Or, dans la ville, on connaissait cette pardonnable infirmité de mon oncle, et on en abusait, et on l'attendait aux passages dangereux, et il se mettait en fureur, et l'on riait, ce qui n'est pas de bon goût, même pour des Allemands. S'il y avait donc toujours grande affluence d'auditeurs aux cours de Lidenbrock, combien les suivaient assidûment qui venaient surtout pour se dérider aux belles colères du professeur!

Quoi qu'il en soit, mon oncle, je ne saurais trop le dire, était un véritable savant. Bien qu'il cassât parfois ses échantillons à les essayer trop brusquement, il joignait au génie du géologue l'œil du minéralogiste. Avec son marteau, sa pointe d'a-

II

OTTO LIDENBROCK ÉTAIT UN HOMME, GRAND, MAIGRE. (PAGE 6.)

cier, son aiguille aimantée, son chalumeau et son flacon d'acide nitrique, c'était un homme très fort. A la cassure, à l'aspect, à la dureté, à la fusibilité, au son, à l'odeur, au goût d'un minéral quelconque, il le classait sans hésiter parmi les six cents espèces que la science compte aujourd'hui.

Aussi le nom de Lidenbrock retentissait avec honneur dans les gymnases et les associations nationales. MM. Humphry Davy, de Humboldt, les capitaines Franklin et Sabine, ne manquèrent pas de lui rendre visite à leur passage à Hambourg. MM. Becquerel, Ebelmen, Brewster, Dumas, Milne-Edwards, aimaient à le consulter sur des questions les plus palpitantes de la chimie. Cette science lui devait d'assez belles découvertes, et, en 1853, il avait paru à Leipzig un *Traité de Cristallographie transcendante*, par le professeur Otto Lidenbrock, grand in-folio avec planches, qui cependant ne fit pas ses frais.

Ajoutez à cela que mon oncle était conservateur du musée minéralogique de M. Struve, ambassadeur de Russie, précieuse collection d'une renommée européenne.

Voilà donc le personnage qui m'interpellait avec tant d'impatience. Représentez-vous un homme grand, maigre, d'une santé de fer, et d'un blond juvénile qui lui ôtait dix bonnes années de sa cinquantaine. Ses gros yeux roulaient sans cesse derrière des lunettes considérables ; son nez, long et mince, ressemblait à une lame affilée ; les méchants prétendaient même qu'il était aimanté et qu'il attirait la limaille de fer. Pure calomnie ; il n'attirait que le tabac, mais en grande abondance, pour ne point mentir.

Quand j'aurai ajouté que mon oncle faisait des enjambées mathématiques d'une demi-toise, et si je dis qu'en marchant il tenait ses poings solidement fermés, signe d'un tempérament impétueux, on le connaîtra assez pour ne pas se montrer friand de sa compagnie.

Il demeurait dans sa petite maison de Königstrasse, une habitation moitié bois, moitié brique, à pignon dentelé ; elle donnait sur l'un de ces canaux sinueux qui se croisent au milieu du plus ancien quartier de Hambourg que l'incendie de 1842 a heureusement respecté.

La vieille maison penchait un peu, il est vrai, et tendait le ventre aux passants ; elle portait son toit incliné sur l'oreille, comme la casquette d'un étudiant de la Tugendbund ; l'aplomb de ses lignes laissait à désirer ; mais, en somme, elle se tenait bien, grâce à un vieil orme vigoureusement encastré dans la façade, qui poussait au printemps ses bourgeons en fleurs à travers les vitraux des fenêtres.

Mon oncle ne laissait pas d'être riche pour un professeur allemand. La maison lui appartenait en toute propriété, contenant et contenu. Le contenu, c'était sa filleule Graüben, jeune Virlandaise de dix-sept ans, la bonne Marthe et moi. En ma double qualité de neveu et d'orphelin, je devins son aide-préparateur dans ses expériences.

J'avouerai que je mordis avec appétit aux sciences géologiques; j'avais du sang de minéralogiste dans les veines, et je ne m'ennuyais jamais en compagnie de mes précieux cailloux.

En somme, on pouvait vivre heureux dans cette maisonnette de König-strasse, malgré les impatiences de son propriétaire, car, tout en s'y prenant d'une façon un peu brutale, celui-ci ne m'en aimait pas moins. Mais cet homme-là ne savait pas attendre, et il était plus pressé que nature.

Quand, en avril, il avait planté dans les pots de faïence de son salon des pieds de réséda ou de volubilis, chaque matin il allait régulièrement les tirer par les feuilles afin de hâter leur croissance.

Avec un pareil original, il n'y avait qu'à obéir. Je me précipitai donc dans son cabinet.

II

Ce cabinet était un véritable musée. Tous les échantillons du règne minéral s'y trouvaient étiquetés avec l'ordre le plus parfait, suivant les trois grandes divisions des minéraux inflammables, métalliques et lithoïdes.

Comme je les connaissais, ces bibelots de la science minéralogique! Que de fois, au lieu de muser avec des garçons de mon âge, je m'étais plu à épousseter ces graphites, ces anthracites, ces houilles, ces lignites, ces tourbes! Et les bitumes, les résines, les sels organiques qu'il fallait préserver du moindre atome de poussière! Et ces métaux, depuis le fer jusqu'à l'or, dont la valeur relative disparaissait devant l'égalité absolue des spécimens scientifiques! Et toutes ces pierres qui eussent suffi à reconstruire la maison de König-strasse, même avec une belle chambre de plus, dont je me serais si bien arrangé!

Mais, en entrant dans le cabinet, je ne songeais guère à ces merveilles. Mon oncle seul occupait ma pensée. Il était enfoui dans son large fauteuil garni de velours d'Utrecht, et tenait entre les mains un livre qu'il considérait avec la plus profonde admiration.

« Quel livre! quel livre! » s'écriait-il.

Cette exclamation me rappela que le professeur Lidenbrock était aussi bibliomane à ses moments perdus; mais un bouquin n'avait de prix à ses yeux qu'à la condition d'être introuvable, ou tout au moins illisible.

« Eh bien! me dit-il, tu ne vois donc pas? Mais c'est un trésor inestimable que j'ai rencontré ce matin en furetant dans la boutique du juif Hevelius.

— Magnifique! » répondis-je avec un enthousiasme de commande.

En effet, à quoi bon ce fracas pour un vieil in-quarto dont le dos et les plats semblaient faits d'un veau grossier, un bouquin jaunâtre auquel pendait un signet décoloré?

Cependant les interjections admiratives du professeur ne discontinuaient pas.

« Vois, disait-il, en se faisant à lui-même demandes et réponses; est-ce assez beau? Oui, c'est admirable! Et quelle reliure! Ce livre s'ouvre-t-il facilement? Oui, car il reste ouvert à n'importe quelle page! Mais se ferme-t-il bien? Oui, car la couverture et les feuilles forment un tout bien uni, sans se séparer ni bâiller en aucun endroit. Et ce dos qui n'offre pas une seule brisure après sept cents ans d'existence! Ah! voilà une reliure dont Bozerian, Closs ou Purgold eussent été fiers ! »

En parlant ainsi, mon oncle ouvrait et fermait successivement le vieux bouquin. Je ne pouvais faire moins que de l'interroger sur son contenu, bien que cela ne m'intéressât aucunement.

« Et quel est donc le titre de ce merveilleux volume ? demandai-je avec un empressement trop enthousiaste pour n'être pas feint.

— Cet ouvrage ! répondit mon oncle en s'animant, c'est l'*Heims-Kringla* de Snorre Turleson, le fameux auteur islandais du douzième siècle ; c'est la Chronique des princes norvégiens qui régnèrent en Islande.

— Vraiment ! m'écriai-je de mon mieux, et, sans doute, c'est une traduction en langue allemande ?

— Bon ! riposta vivement le professeur, une traduction ! Et qu'en ferais-je de ta traduction ! Qui se soucie de ta traduction ! Ceci est l'ouvrage original en langue islandaise, ce magnifique idiome, riche et simple à la fois, qui autorise les combinaisons grammaticales les plus variées et de nombreuses modifications de mots !

— Comme l'allemand, insinuai-je avec assez de bonheur.

— Oui, répondit mon oncle en haussant les épaules ; mais avec cette différence que la langue islandaise admet les trois genres comme le grec et décline les noms propres comme le latin!

— Ah! fis-je un peu ébranlé dans mon indifférence, et les caractères de ce livre sont-ils beaux?

— Des caractères! qui te parle de caractères, malheureux Axel! Il s'agit bien de caractères! Ah! tu prends cela pour un imprimé! Mais, ignorant, c'est un manuscrit, et un manuscrit runique!...

— Runique?

— Oui! Vas-tu me demander maintenant de t'expliquer ce mot?

— Je m'en garderai bien, » répliquai-je avec l'accent d'un homme blessé dans son amour-propre.

Mais mon oncle continua de plus belle, et m'instruisit, malgré moi, de choses que je ne tenais guère à savoir.

« Les runes, reprit-il, étaient des caractères d'écriture usités autrefois en Islande, et, suivant la tradition, ils furent inventés par Odin lui-même! Mais regarde donc, admire donc, impie, ces types qui sont sortis de l'imagination d'un dieu! »

Ma foi, faute de réplique, j'allais me prosterner, genre de réponse qui doit plaire aux dieux comme aux rois, car elle a l'avantage de ne jamais les embarrasser, quand un incident vint détourner le cours de la conversation.

Ce fut l'apparition d'un parchemin crasseux qui glissa du bouquin et tomba à terre.

Mon oncle se précipita sur ce brimborion avec
une avidité facile à comprendre. Un vieux document, enfermé peut-être depuis un temps immé-
morial dans un vieux livre, ne pouvait manquer
d'avoir un haut prix à ses yeux.

« Qu'est-ce que cela ? » s'écria-t-il.

Et, en même temps, il déployait soigneusement sur sa table un morceau de parchemin long
de cinq pouces, large de trois, et sur lequel s'allongeaient, en lignes transversales, des caractères de grimoire.

En voici le fac-similé exact. Je tiens à faire
connaître ces signes bizarres, car ils amenèrent
le professeur Lidenbrock et son neveu à entreprendre la plus étrange expédition du dix-neu-
vième siècle :

Le professeur considéra pendant quelques
instants cette série de caractères; puis il dit en
relevant ses lunettes :

« C'est du runique; ces types sont absolument

identiques à ceux du manuscrit de Snorre Turleson ! Mais… qu'est-ce que cela peut signifier ? »

Comme le runique me paraissait être une invention de savants pour mystifier le pauvre monde, je ne fus pas fâché de voir que mon oncle n'y comprenait rien. Du moins, cela me sembla ainsi au mouvement de ses doigts qui commençaient à s'agiter terriblement.

« C'est pourtant du vieil islandais ! » murmurait-il entre ses dents.

Et le professeur Lidenbrock devait bien s'y connaître, car il passait pour être un véritable polyglotte. Non pas qu'il parlât couramment les deux mille langues et les quatre mille idiomes employés à la surface du globe, mais enfin il en savait sa bonne part.

Il allait donc, en présence de cette difficulté, se livrer à toute l'impétuosité de son caractère, et je prévoyais une scène violente, quand deux heures sonnèrent au petit cartel de la cheminée.

Aussitôt la bonne Marthe ouvrit la porte du cabinet en disant :

« La soupe est servie.

— Au diable la soupe, s'écria mon oncle, et celle qui l'a faite, et ceux qui la mangeront ! »

Marthe s'enfuit ; je volai sur ses pas, et, sans savoir comment, je me trouvai assis à ma place habituelle dans la salle à manger.

J'attendis quelques instants. Le professeur ne

vint pas. C'était la première fois, à ma connaissance, qu'il manquait à la solennité du dîner. Et quel dîner, cependant! une soupe au persil, une omelette au jambon relevée d'oseille à la muscade, une longe de veau à la compote de prunes, et, pour dessert, des crevettes au sucre, le tout arrosé d'un joli vin de la Moselle.

Voilà ce qu'un vieux papier allait coûter à mon oncle. Ma foi, en qualité de neveu dévoué, je me crus obligé de manger pour lui, et même pour moi. Ce que je fis en conscience.

« Je n'ai jamais vu chose pareille! disait la bonne Marthe en servant. M. Lidenbrock qui n'est pas à table!

— C'est à ne pas le croire.

— Cela présage quelque événement grave! » reprenait la vieille servante en hochant la tête.

Dans mon opinion, cela ne présageait rien, sinon une scène épouvantable, quand mon oncle trouverait son dîner dévoré.

J'en étais à ma dernière crevette, lorsqu'une voix retentissante m'arracha aux voluptés du dessert. Je ne fis qu'un bond de la salle dans le cabinet.

III

« C'est évidemment du runique, disait le professeur en fronçant le sourcil. Mais il y a un secret, et je le découvrirai, sinon... »

Un geste violent acheva sa pensée.

« Mets-toi là, ajouta-t-il en m'indiquant la table du poing, et écris. »

En un instant je fus prêt.

« Maintenant, je vais te dicter chaque lettre de notre alphabet qui correspond à l'un de ces caractères islandais. Nous verrons ce que cela donnera. Mais, par saint Michel! garde-toi bien de te tromper! »

La dictée commença. Je m'appliquai de mon mieux; chaque lettre fut appelée l'une après l'autre, et forma l'incompréhensible succession des mots suivants :

mm.rnlls	esreuel	seecJde
sgtssmf	unteief	niedrke
kt,samn	atrateS	.Saodrrn
emtnaeI	nuaect	rrilSa
Atvaar	.nscrc	ieaabs
ccdrmi	eeutul	frantu
dt,iac	oseibo	KediiY

Quand ce travail fut terminé, mon oncle prit vivement la feuille sur laquelle je venais d'écrire, et il l'examina longtemps avec attention.

« Qu'est-ce que cela veut dire? » répétait-il machinalement.

Sur l'honneur, je n'aurais pas pu le lui apprendre. D'ailleurs il ne m'interrogea pas à cet égard, et il continua de se parler à lui-même :

« C'est ce que nous appelons un cryptogramme, disait-il, dans lequel le sens est caché sous des lettres brouillées à dessein, et qui, convenablement disposées, formeraient une phrase intelligible ! Quand je pense qu'il y a là peut-être l'explication ou l'indication d'une grande découverte ! »

Pour mon compte, je pensais qu'il n'y avait absolument rien, mais je gardai prudemment mon opinion.

Le professeur prit alors le livre et le parchemin, et les compara tous les deux.

« Ces deux écritures ne sont pas de la même main, dit-il ; le cryptogramme est *postérieur* au livre, et j'en vois tout d'abord une preuve irréfragable. En effet, la première lettre est une double M qu'on chercherait vainement dans le livre de Turleson, car elle ne fut ajoutée à l'alphabet islandais qu'au quatorzième siècle. Ainsi donc, il y a au moins deux cents ans entre le manuscrit et le document. »

Cela j'en conviens, me parut assez logique.

« Je suis donc conduit à penser, reprit mon oncle, que l'un des possesseurs de ce livre aura tracé ces caractères mystérieux. Mais qui diable était ce possesseur ? N'aurait-il point mis son nom à quelque endroit de ce manuscrit ? »

Mon oncle releva ses lunettes, prit une forte loupe, et passa soigneusement en revue les premières pages du livre. Au verso de la seconde, celle du faux titre, il découvrit une sorte de macule, qui faisait à l'œil l'effet d'une tache d'encre. Cependant, en y regardant de près, on distinguait quelques caractères à demi effacés. Mon oncle comprit que là était le point intéressant ; il s'acharna donc sur la macule et, sa grosse loupe aidant, il finit par reconnaître les signes que voici, caractères runiques qu'il lut sans hésiter :

ᛏᛆᚱᚠ ᚼᛁᚱᚴᚼᛋᛋᛏᛪ

« Arne Saknussem ! s'écria-t-il d'un ton triomphant, mais c'est un nom cela, et un nom islandais encore ! celui d'un savant du seizième siècle, d'un alchimiste célèbre ! »

Je regardai mon oncle avec une certaine admiration.

« Ces alchimistes, reprit-il, Avicenne, Bacon, Lulle, Paracelse, étaient les véritables, les seuls savants de leur époque. Ils ont fait des découvertes dont nous avons le droit d'être étonnés.

Pourquoi ce Saknussemm n'aurait-il pas enfoui sous cet incompréhensible cryptogramme quelque surprenante invention? Cela doit être ainsi. Cela est. »

L'imagination du professeur s'enflammait à cette hypothèse.

« Sans doute, osai-je répondre, mais quel intérêt pouvait avoir ce savant à cacher ainsi quelque merveilleuse découverte?

— Pourquoi? pourquoi? Eh! le sais-je? Galilée n'en a-t-il pas agi ainsi pour Saturne? D'ailleurs, nous verrons bien; j'aurai le secret de ce document, et je ne prendrai ni nourriture ni sommeil avant de l'avoir deviné.

— Oh! pensai-je.

— Ni toi, non plus, Axel, reprit-il.

— Diable! me dis-je, il est heureux que j'aie dîné pour deux!

— Et d'abord, fit mon oncle, il faut trouver la langue de ce « chiffre. » Cela ne doit pas être difficile. »

A ces mots, je relevai vivement la tête. Mon oncle reprit son soliloque:

« Rien n'est plus aisé. Il y a dans ce document cent trente-deux lettres qui donnent soixante-dix-neuf consonnes contre cinquante-trois voyelles. Or, c'est à peu près suivant cette proportion que sont formés les mots des langues méridionales, tandis que les idiomes du nord sont infiniment plus riches en consonnes. Il s'agit donc d'une langue du midi. »

Ces conclusions étaient fort justes.

« Mais quelle est cette langue ? »

C'est là que j'attendais mon savant, chez lequel cependant je découvrais un profond analyste.

« Ce Saknussemm, reprit-il, était un homme instruit; or, dès qu'il n'écrivait pas dans sa langue maternelle, il devait choisir de préférence la langue courante entre les esprits cultivés du seizième siècle, je veux dire le latin. Si je me trompe, je pourrai essayer de l'espagnol, du français, de l'italien, du grec, de l'hébreu. Mais les savants du seizième siècle écrivaient généralement en latin. J'ai donc le droit de dire à *priori* : ceci est du latin. »

Je sautai sur ma chaise. Mes souvenirs de latiniste se révoltaient contre la prétention que cette suite de mots baroques pût appartenir à la douce langue de Virgile.

« Oui ! du latin, reprit mon oncle, mais du latin brouillé.

— A la bonne heure ! pensai-je. Si tu le débrouilles, tu seras fin, mon oncle.

— Examinons bien, dit-il en reprenant la feuille sur laquelle j'avais écrit. Voilà une série de cent trente-deux lettres qui se présentent sous un désordre apparent. Il y a des mots où les consonnes se rencontrent seules comme le premier « mrnlls, » d'autres où les voyelles, au contraire, abondent, le cinquième, par exemple, « unteief, » ou l'avant-dernier « oseibo. » Or, cette disposition n'a évidemment pas été combinée; elle est donnée *mathématiquement* par la raison inconnue qui a présidé à la succession de ces lettres. Il me paraît certain que la phrase primitive a été écrite régulièrement, puis retournée suivant une loi qu'il faut découvrir. Celui qui posséderait la clef de ce « chiffre » le lirait couramment. Mais quelle est cette clef? Axel, as-tu cette clef? »

A cette question je ne répondis rien, et pour cause. Mes regards s'étaient arrêtés sur un charmant portrait suspendu au mur, le portrait de Graüben. La pupille de mon oncle se trouvait alors à Altona, chez une de ses parentes, et son absence me rendait fort triste, car, je puis l'avouer maintenant, la jolie Virlandaise et le neveu du professeur s'aimaient avec toute la patience et toute la tranquillité allemandes; nous nous étions fiancés à l'insu de mon oncle, trop géologue pour comprendre de pareils sentiments. Graüben était une charmante jeune fille blonde aux yeux bleus, d'un caractère un peu grave, d'un esprit un peu sérieux; mais elle ne m'en aimait pas moins; pour mon compte, je l'adorais, si toutefois ce verbe existe dans la langue tudesque! L'image de ma petite Virlandaise me rejeta donc, en un instant, du monde des réalités dans celui des chimères, dans celui des souvenirs.

Je revis la fidèle compagne de mes travaux et de mes plaisirs. Elle m'aidait à ranger chaque jour les précieuses pierres de mon oncle ; elle les étiquetait avec moi. C'était une très forte minéralogiste que mademoiselle Graüben ! Elle aimait à approfondir les questions ardues de la science. Que de douces heures nous avions passées à étudier ensemble, et combien j'enviai souvent le sort de ces pierres insensibles qu'elle maniait de ses charmantes mains.

Puis, l'instant de la récréation venue, nous sortions tous les deux ; nous prenions par les allées touffues de l'Alsser, et nous nous rendions de compagnie au vieux moulin goudronné qui fait si bon effet à l'extrémité du lac ; chemin faisant, on causait en se tenant par la main ; je lui racontais des choses dont elle riait de son mieux ; on arrivait ainsi jusqu'au bord de l'Elbe, et, après avoir dit bonsoir aux cygnes qui nagent parmi les grands nénuphars blancs, nous revenions au quai par la barque à vapeur.

Or, j'en étais là de mon rêve, quand mon oncle, frappant la table du poing, me ramena violemment à la réalité.

« Voyons, dit-il, la première idée qui doit se présenter à l'esprit pour brouiller les lettres d'une phrase, c'est, il me semble, d'écrire les mots verticalement au lieu de les tracer horizontalement.

— Tiens! pensai-je.

— Il faut voir ce que cela produit. Axel, jette une phrase quelconque sur ce bout de papier; mais, au lieu de disposer les lettres à la suite les unes des autres, mets-les successivement par colonnes verticales, de manière à les grouper en nombre de cinq ou six. »

Je compris ce dont il s'agissait, et immédiatement j'écrivis de haut en bas :

J   m   n   e   ,   b
e   e   ,   t   G   e
t' b   m   i   r   n
a   i   a   t   a   l
i   e   p   e   ü

« Bon, dit le professeur, sans avoir lu. Maintenant, dispose ces mots sur une ligne horizontale.

J'obéis, et j'obtins la phrase suivante :

Jmne,b ee,tGe t'bmirn aiatal iepeü

« Parfait! fit mon oncle en m'arrachant le papier des mains, voilà qui a déjà la physionomie du vieux document; les voyelles sont groupées ainsi que les consonnes dans le même désordre; il y a même des majuscules au milieu des mots, ainsi que des virgules, tout comme dans le parchemin de Saknussemm ! »

Je ne pus m'empêcher de trouver ces remarques fort ingénieuses.

« Or, reprit mon oncle en s'adressant directement à moi, pour lire la phrase que tu viens d'écrire, et que je ne connais pas, il me suffira de prendre successivement la première lettre de chaque mot, puis la seconde, puis la troisième, ainsi de suite.

Et mon oncle, à son grand étonnement, et surtout au mien, lut :

Je t'aime bien, ma petite Graüben !

« Hein ! » fit le professeur.

Oui, sans m'en douter, en amoureux maladroit, j'avais tracé cette phrase compromettante !

« Ah ! tu aimes Graüben ! reprit mon oncle d'un véritable ton de tuteur !

— Oui... Non... balbutiai-je !

— Ah ! tu aimes Graüben, reprit-il machinalement. Eh bien, appliquons mon procédé au document en question ! »

Mon oncle, retombé dans son absorbante contemplation, oubliait déjà mes imprudentes paroles. Je dis imprudentes, car la tête du savant ne pouvait comprendre les choses du cœur. Mais, heureusement, la grande affaire du document l'emporta.

Au moment de faire son expérience capitale, les yeux du professeur Lidenbrock lancèrent des éclairs à travers ses lunettes; ses doigts tremblèrent, lorsqu'il reprit le vieux parchemin; il était sérieusement ému. Enfin il toussa fortement, et d'une voix grave, appelant successivement la première lettre, puis la seconde de chaque mot; il me dicta la série suivante :

*mmessunkaSenrA.icefdoK.segnittamurtn
ecertserrette,rotaivsndua,ednecsedsadne
lacartniiiluJsiratracSarbmutabiledmek
meretarcsilucoYsleffenSnI*

En finissant, je l'avouerai, j'étais émotionné, ces lettres, nommées une à une, ne m'avaient présenté aucun sens à l'esprit; j'attendais donc que le professeur laissât se dérouler pompeusement entre ses lèvres une phrase d'une magnifique latinité.

Mais, qui aurait pu le prévoir! Un violent coup de poing ébranla la table. L'encre rejaillit, la plume me sauta des mains.

« Ce n'est pas cela! s'écria mon oncle, cela n'a pas le sens commun! »

Puis, traversant le cabinet comme un boulet, descendant l'escalier comme une avalanche, il se précipita dans König-strasse, et s'enfuit à toutes jambes.

IV

« Il est parti? s'écria Marthe en accourant au bruit de la porte de la rue qui, violemment refermée, venait d'ébranler la maison tout entière.

— Oui! répondis-je, complètement parti!

— Eh bien! et son dîner? fit la vieille servante.

— Il ne dînera pas!

— Et son souper?

— Il ne soupera pas!

— Comment? dit Marthe en joignant les mains.

— Non, bonne Marthe, il ne mangera plus, ni personne dans la maison! Mon oncle Lidenbrock nous met tous à la diète jusqu'au moment où il aura déchiffré un vieux grimoire qui est absolument indéchiffrable!

— Jésus! nous n'avons donc plus qu'à mourir de faim! »

Je n'osai pas avouer qu'avec un homme aussi absolu que mon oncle, c'était un sort inévitable.

La vieille servante, sérieusement alarmée, retourna dans sa cuisine en gémissant.

Quand je fus seul, l'idée me vint d'aller tout conter à Graüben; mais comment quitter la maison? Et s'il m'appelait? Et s'il voulait recommencer ce travail logogriphique, qu'on eût vainement proposé au vieil Œdipe! Et si je ne répondais pas à son appel, qu'adviendrait-il?

Le plus sage était de rester. Justement, un minéralogiste de Besançon venait de nous adresser une collection de géodes siliceuses qu'il fallait classer. Je me mis au travail. Je triai, j'étiquetai, je disposai dans leur vitrine toutes ces pierres creuses au-dedans desquelles s'agitaient de petits cristaux.

Mais cette occupation ne m'absorbait pas; l'affaire du vieux document ne laissait point de me préoccuper étrangement. Ma tête bouillonnait, et je me sentais pris d'une vague inquiétude. J'avais le pressentiment d'une catastrophe prochaine.

Au bout d'une heure, mes géodes étaient étagées avec ordre. Je me laissai aller alors dans le grand fauteuil d'Utrecht, les bras ballants et la tête renversée. J'allumai ma pipe à long tuyau courbe, dont le fourneau sculpté représentait une naïade nonchalamment étendue; puis, je m'amusai à suivre les progrès de la carbonisation, qui de ma naïade faisait peu à peu une négresse accomplie. De temps en temps, j'écoutais si quelque pas retentissait dans l'escalier. Mais non. Où pouvait être mon oncle en ce moment? Je me le figurais courant sous les beaux arbres de la route d'Altona, gesticulant, tirant au mur avec sa canne, d'un bras violent battant les herbes, décapitant les chardons et troublant dans leur repos les cigognes solitaires.

Rentrerait-il triomphant ou découragé? Qui aurait raison l'un de l'autre, du secret ou de lui? Je m'interrogeais ainsi, et, machinalement, je pris entre mes doigts la feuille de papier sur laquelle s'allongeait l'incompréhensible série des lettres tracées par moi. Je me répétais :

« Qu'est-ce que cela signifie? »

Je cherchai à grouper ces lettres de manière à former des mots. Impossible. Qu'on les réunît par deux, trois, ou cinq, ou six, cela ne donnait absolument rien d'intelligible; il y avait bien les quatorzième, quinzième et seizième lettres qui faisaient le mot anglais « ice », et la quatre-vingt-quatrième, la quatre-vingt-cinquième et la quatre-vingt-sixième formaient le mot « sir ». Enfin, dans le corps du document, et à la deuxième et à la troisième ligne, je remarquai aussi les mots latins « rota », « mutabile », « ira », « nec », « atra ».

« Diable, pensai-je, ces derniers mots sembleraient donner raison à mon oncle sur la langue du document! Et même, à la quatrième ligne, j'aperçois encore le mot « luco » qui se traduit par « bois sacré ». Il est vrai qu'à la troisième, on lit le mot « tabiled » de tournure parfaitement hébraïque, et à la dernière, les vocables « mer », « arc », « mère », qui sont purement français. »

Il y avait là de quoi perdre la tête ! Quatre idiomes différents dans cette phrase absurde ! Quel rapport pouvait-il exister entre les mots « glace, monsieur, colère, cruel, bois sacré, changeant, mère, arc ou mer? » Le premier et le dernier seuls se rapprochaient facilement ; rien d'étonnant que, dans un document écrit en Islande, il fût question d'une « mer de glace ». Mais de là à comprendre le reste du cryptogramme, c'était autre chose.

Je me débattais donc contre une insoluble difficulté ; mon cerveau s'échauffait ; mes yeux clignaient sur la feuille de papier ; les cent trente-deux lettres semblaient voltiger autour de moi, comme ces larmes d'argent qui glissent dans l'air autour de notre tête, lorsque le sang s'y est violemment porté.

J'étais en proie à une sorte d'hallucination ; j'étouffais ; il me fallait de l'air. Machinalement, je m'éventai avec la feuille de papier, dont le verso et le recto se présentèrent successivement à mes regards.

Quelle fut ma surprise, quand, dans l'une de ces voltes rapides, au moment où le verso se tournait vers moi, je crus voir apparaître des mots parfaitement lisibles, des mots latins, entre autres « craterem » et « terrestre »

Soudain une lueur se fit dans mon esprit ; ces seuls indices me firent entrevoir la vérité ; j'avais découvert la loi du chiffre. Pour lire ce document, il n'était pas même nécessaire de le lire à travers la feuille retournée! Non. Tel il était, tel il m'avait été dicté, tel il pouvait être épelé couramment. Toutes les ingénieuses combinaisons du professeur se réalisaient; il avait eu raison pour la disposition des lettres, raison pour la langue du document! Il s'en fallut d'un « rien » qu'il pût lire d'un bout à l'autre cette phrase latine, et ce « rien », le hasard venait de me le donner!

On comprend si je fus ému! Mes yeux se troublèrent. Je ne pouvais m'en servir. J'avais étalé la feuille de papier sur la table. Il me suffisait d'y jeter un regard pour devenir possesseur du secret.

Enfin je parvins à calmer mon agitation. Je m'imposai la loi de faire deux fois le tour de la chambre pour apaiser mes nerfs, et je revins m'engouffrer dans le vaste fauteuil.

« Lisons », m'écriai-je, après avoir refait dans mes poumons une ample provision d'air.

Je me penchai sur la table; je posai mon doigt successivement sur chaque lettre, et, sans m'arrêter, sans hésiter un instant, je prononçai à haute voix la phrase tout entière.

Mais quelle stupéfaction, quelle terreur m'envahit! Je restai d'abord comme frappé d'un coup subit. Quoi! ce que je venais d'apprendre s'était accompli ! un homme avait eu assez d'audace pour pénétrer !...

« Ah ! m'écriai-je en bondissant : mais non ! mais non ! mon oncle ne le saura pas ! Il ne manquerait plus qu'il vint à connaitre un semblable voyage ! Il voudrait en goûter aussi ! Rien ne pourrait l'arrêter ! Un géologue si déterminé ! il partirait quand même, malgré tout, en dépit de tout ! Et il m'emmènerait avec lui, et nous n'en reviendrions pas ! Jamais ! jamais ! »

J'étais dans une surexcitation difficile à peindre.

« Non ! non ! ce ne sera pas, dis-je avec énergie, et, puisque je peux empêcher qu'une pareille idée vienne à l'esprit de mon tyran, je le ferai. A tourner et à retourner ce document, il pourrait par hasard en découvrir la clef ! Détruisons-le. »

Il y avait un reste de feu dans la cheminée. Je saisis non seulement la feuille de papier, mais le parchemin de Saknussem ; d'une main fébrile j'allais précipiter le tout sur les charbons et anéantir ce dangereux secret, quand la porte du cabinet s'ouvrit. Mon oncle parut.

V

Je n'eus que le temps de replacer sur la table le malencontreux document.

Le professeur Lidenbrock paraissait profondément absorbé. Sa pensée dominante ne lui laissait pas un instant de répit; il avait évidemment scruté, analysé l'affaire, mis en œuvre toutes les ressources de son imagination pendant sa promenade, et il revenait appliquer quelque combinaison nouvelle.

En effet, il s'assit dans son fauteuil, et, la plume à la main, il commença à établir des formules qui ressemblaient à un calcul algébrique.

Je suivais du regard sa main frémissante; je ne perdais pas un seul de ses mouvements. Quelque résultat inespéré allait-il donc inopinément se produire? Je tremblais, et sans raison, puisque la vraie combinaison, la « seule », étant déjà trouvée, toute autre recherche devenait forcément vaine.

Pendant trois longues heures, mon oncle travailla sans parler, sans lever la tête, effaçant, reprenant, raturant, recommençant mille fois.

Je savais bien que, s'il parvenait à arranger ces lettres suivant toutes les positions relatives qu'elles pouvaient occuper, la phrase se trouverait faite. Mais je savais aussi que vingt lettres seulement peuvent former deux quintillions, quatre cent trente-deux quatrillions, neuf cent deux trillions, huit milliards, cent soixante-seize millions, six cent quarante mille combinaisons. Or, il y avait cent trente-deux lettres dans la phrase, et ces cent trente-deux lettres donnaient un nombre de phrases différentes composé de cent trente-trois chiffres au moins, nombre presque impossible à énumérer et qui échappe à toute appréciation.

J'étais rassuré sur ce moyen héroïque de résoudre le problème.

Cependant le temps s'écoulait; la nuit se fit; les bruits de la rue s'apaisèrent; mon oncle, toujours courbé sur sa tâche, ne vit rien, pas même la bonne Marthe qui entr'ouvrit la porte; il n'entendit rien, pas même la voix de cette digne servante, disant :

« Monsieur soupera-t-il ce soir? »

Aussi Marthe dut-elle s'en aller sans réponse; pour moi, après avoir résisté pendant quelque temps, je fus pris d'un invincible sommeil, et je m'endormis sur un bout du canapé, tandis que mon oncle Lidenbrock calculait et raturait toujours.

Quand je me réveillai, le lendemain, l'infatigable piocheur était encore au travail. Ses yeux rouges, son teint blafard, ses cheveux entremêlés sous sa main fièvreuse, ses pommettes empourprées indiquaient assez sa lutte terrible avec l'impossible, et, dans quelles fatigues de l'esprit, dans quelle contention du cerveau, les heures durent s'écouler pour lui.

Vraiment, il me fit pitié. Malgré les reproches

que je croyais être en droit de lui faire, une certaine émotion me gagnait. Le pauvre homme était tellement possédé de son idée, qu'il oubliait de se mettre en colère; toutes ses forces vives se concentraient sur un seul point, et, comme elles ne s'échappaient pas par leur exutoire ordinaire, on pouvait craindre que leur tension ne le fît éclater d'un instant à l'autre.

Je pouvais d'un geste desserrer cet étau de fer qui lui serrait le crâne, d'un mot seulement! Et je n'en fis rien.

Cependant j'avais bon cœur. Pourquoi restai-je muet en pareille circonstance? Dans l'intérêt même de mon oncle.

« Non, non, répétai-je, non, je ne parlerai pas! Il voudrait y aller, je le connais; rien ne saurait l'arrêter. C'est une imagination volcanique, et, pour faire ce que d'autres géologues n'ont point fait, il risquerait sa vie. Je me tairai; je garderai ce secret dout le hasard m'a rendu maître; le découvrir, ce serait tuer le professeur Lidenbrock. Qu'il le devine, s'il le peut; je ne veux pas me reprocher un jour de l'avoir conduit à sa perte. »

Ceci bien résolu, je me croisai les bras, et j'attendis. Mais j'avais compté sans un incident qui se produisit à quelques heures de là.

Lorsque la bonne Marthe voulut sortir de la maison pour se rendre au marché, elle trouva la porte close; la grosse clef manquait à la ser-

...ure. Qui l'avait ôtée? Mon oncle évidemment, quand il rentra la veille après son excursion précipitée.

Était-ce à dessein? Était-ce par mégarde? Voulait-il nous soumettre aux rigueurs de la faim? Cela m'eût paru un peu fort. Quoi! Marthe et moi, nous serions victimes d'une situation qui ne nous regardait pas le moins du monde? Sans doute, et je me souvins d'un précédent de nature à nous effrayer. En effet, il y a quelques années, à l'époque où mon oncle travaillait à sa grande classification minéralogique, il demeura quarante-huit heures sans manger, et toute sa maison dut se conformer à cette diète scientifique. Pour mon compte, j'y gagnai des crampes d'estomac fort peu récréatives chez un garçon d'un naturel assez vorace.

Or, il me parut que le déjeuner allait faire défaut comme le souper de la veille. Cependant je résolus d'être héroïque et de ne pas céder devant les exigences de la faim. Marthe prenait cela très au sérieux et se désolait, la bonne femme. Quant à moi, l'impossibilité de quitter la maison me préoccupait davantage et pour cause. On me comprend bien.

Mon oncle travaillait toujours; son imagination se perdait dans le monde idéal des combinaisons; il vivait loin de la terre, et véritablement en dehors des besoins terrestres.

Vers midi, la faim m'aiguillonna sérieusement ; Marthe, très innocemment, avait dévoré la veille les provisions du garde-manger ; il ne restait plus rien à la maison. Cependant je tins bon. J'y mettais une sorte de point d'honneur.

Deux heures sonnèrent. Cela devenait ridicule, intolérable même ; j'ouvrais des yeux démesurés. Je commençai à me dire que j'exagérais l'importance du document ; que mon oncle n'y ajouterait pas foi ; qu'il verrait là une simple mystification ; qu'au pis aller on le retiendrait malgré lui, s'il voulait tenter l'aventure ; qu'enfin il pouvait découvrir lui-même la clef du « chiffre », et que j'en serais alors pour mes frais d'abstinence.

Ces raisons, que j'eusse rejetées la veille avec indignation, me parurent excellentes ; je trouvai même parfaitement absurde d'avoir attendu si longtemps, et mon parti fut pris de tout dire.

Je cherchais donc une entrée en matière, pas trop brusque, quand le professeur se leva, mit son chapeau et se prépara à sortir.

Quoi, quitter la maison, et nous enfermer encore ! Jamais.

« Mon oncle ! » dis-je.

Il ne parut pas m'entendre.

« Mon oncle Lidenbrock ! » répétai-je en élevant la voix.

JE ME CROISAIS LES BRAS ET J'ATTENDIS. (PAGE 34.)

— Hein ? fit-il comme un homme subitement réveillé.

— Eh bien ! cette clef ?

— Quelle clef ? La clef de la porte ?

— Mais non, m'écriai-je, la clef du document ! »

Le professeur me regarda par-dessus ses lunettes ; il remarqua sans doute quelque chose d'insolite dans ma physionomie, car il me saisit vivement le bras, et, sans pouvoir parler, il m'interrogea du regard. Cependant jamais demande ne fut formulée d'une façon plus nette.

Je remuai la tête de haut en bas.

Il secoua la sienne avec une sorte de pitié, comme s'il avait affaire à un fou.

Je fis un geste plus affirmatif.

Ses yeux brillèrent d'un vif éclat ; sa main devint menaçante.

Cette conversation muette dans ces circonstances eût intéressé le spectateur le plus indifférent. Et vraiment j'en arrivais à ne plus oser parler, tant je craignais que mon oncle ne m'étouffât dans les premiers embrassements de sa joie. Mais il devint si pressant qu'il fallut répondre.

« Oui, cette clef !... le hasard !...

— Que dis-tu ? s'écria-t-il avec une indescriptible émotion.

— Tenez, dis-je en lui présentant la feuille de papier sur laquelle j'avais écrit, lisez.

— Mais cela ne signifie rien! répondit-il en froissant la feuille.

— Rien, en commençant à lire par le commencement, mais par la fin...»

Je n'avais pas achevé ma phrase que le professeur poussait un cri, mieux qu'un cri, un véritable rugissement! Une révélation venait de se faire dans son esprit. Il était transfiguré.

« Ah! ingénieux Saknussemm! s'écria-t-il, tu avais donc d'abord écrit ta phrase à l'envers! »

Et se précipitant sur la feuille de papier, l'œil trouble, la voix émue, il lut le document tout entier, en remontant de la dernière lettre à la première.

Il était conçu en ces termes :

In Sneffels Yoculis craterem kem delibat umbra Scartaris Julii intra calendas descende, audas viator, et terrestre centrum attinges. Kod feci. Arne Saknussem.

Ce qui, de ce mauvais latin, peut être traduit ainsi :

Descends dans le cratère du Yocul de Sneffels que l'ombre du Scartaris vient caresser avant les calendes de Juillet, voyageur audacieux, et tu parviendras au centre de la Terre. Ce que j'ai fait. Arne Saknussemm.

Mon oncle, à cette lecture, bondit comme s'il eût inopinément touché une bouteille de Leyde. Il était magnifique d'audace, de joie et de conviction. Il allait et venait; il prenait sa tête à deux mains; il déplaçait les sièges; il empilait ses livres; il jonglait, c'est à ne pas le croire, avec ses précieuses géodes; il lançait un coup de poing par-ci, une tape par-là. Enfin ses nerfs se calmèrent et, comme un homme épuisé par une trop grande dépense de fluide, il retomba dans son fauteuil.

« Quelle heure est-il donc? demanda-t-il après quelques instants de silence.

— Trois heures, répondis-je.

— Tiens! mon dîner a passé vite. Je meurs de faim. A table. Puis ensuite...

— Ensuite?

— Tu feras ma malle.

— Hein! m'écriai-je.

— Et la tienne! » répondit l'impitoyable professeur en entrant dans la salle à manger.

VI

A ces paroles, un frisson me passa par tout le corps. Cependant je me contins. Je résolus même de faire bonne figure. Des arguments scientifiques pouvaient seuls arrêter le professeur Lidenbrock ; or, il y en avait, et de bons, contre la possibilité d'un pareil voyage. Aller au centre de la terre ! Quelle folie ! Je réservai ma dialectique pour le moment opportun, et je m'occupai du repas.

Inutile de rapporter les imprécations de mon oncle devant la table desservie. Tout s'expliqua. La liberté fut rendue à la bonne Marthe. Elle courut au marché et fit si bien, qu'une heure après ma faim était calmée, et je revenais au sentiment de la situation.

Pendant le repas, mon oncle fut presque gai ; il lui échappait de ces plaisanteries de savant qui ne sont jamais bien dangereuses. Après le dessert, il me fit signe de le suivre dans son cabinet.

J'obéis. Il s'assit à un bout de sa table de travail, et moi à l'autre.

« Axel, dit-il d'une voix assez douce, tu es un garçon très ingénieux ; tu m'as rendu là un fier service, quand, de guerre lasse, j'allais abandonner cette combinaison. Où me serais-je égaré ? Nul ne peut le savoir ! Je n'oublierai jamais cela, mon garçon, et de la gloire que nous allons acquérir tu auras ta part.

« Allons ! pensai-je, il est de bonne humeur ; le moment est venu de discuter cette gloire.

— Avant tout, reprit mon oncle, je te recommande le secret le plus absolu, tu m'entends ? Je ne manque pas d'envieux dans le monde des savants, et beaucoup voudraient entreprendre ce voyage, qui ne s'en douteront qu'à notre retour.

— Croyez-vous, dis-je, que le nombre de ces audacieux fût si grand ?

— Certes ! qui hésiterait à conquérir une telle renommée ? Si ce document était connu, une armée entière de géologues se précipiterait sur les traces d'Arne Saknussemm !

— Voilà ce dont je ne suis pas persuadé, mon oncle, car rien ne prouve l'authenticité de ce document.

— Comment ! Et le livre dans lequel nous l'avons découvert !

— Bon ! j'accorde que ce Saknussemm ait écrit ces lignes, mais s'ensuit-il qu'il ait réellement accompli ce voyage, et ce vieux parchemin ne peut-il renfermer une mystification ? »

Ce dernier mot, un peu hasardé, je regrettai presque de l'avoir prononcé ; le professeur fronça son épais sourcil, et je craignais d'avoir compromis les suites de cette conversation. Heureusement il n'en fut rien. Mon sévère interlocuteur ébaucha une sorte de sourire sur ses lèvres et répondit :

« C'est ce que nous verrons.

— Ah ! fis-je un peu vexé ; mais permettez-moi d'épuiser la série des objections relatives à ce document.

« — Parle, mon garçon, ne te gêne pas. Je te laisse toute liberté d'exprimer ton opinion. Tu n'es plus mon neveu, mais mon collègue. Ainsi, va.

— Eh bien, je vous demanderai d'abord ce que sont ce Yocul, ce Sneffels et ce Scartaris, dont je n'ai jamais entendu parler?

— Rien n'est plus facile. J'ai précisément reçu, il y a quelque temps, une carte de mon ami Peterman, de Leipzig ; elle ne pouvait arriver plus à propos. Prends le troisième atlas dans la seconde travée de la grande bibliothèque, série Z, planche 4. »

Je me levai, et, grâce à ces indications précises, je trouvai rapidement l'atlas demandé. Mon oncle l'ouvrit et dit :

« Voici une des meilleures cartes de l'Islande, celle de Handerson, et je crois qu'elle va nous donner la solution de toutes tes difficultés. »

Je me penchai sur la carte.

« Vois cette île composée de volcans, dit le professeur, et remarque qu'ils portent tous le nom de Yocul. Ce mot veut dire « glacier » en islandais, et, sous la latitude élevée de l'Islande, la plupart des éruptions se font jour à travers les couches de glace. De là cette dénomination de Yocul appliquée à tous les monts ignivomes de l'île.

— Bien, répondis-je, mais qu'est-ce que le Sneffels? »

J'espérais qu'à cette demande il n'y aurait pas de réponse. Je me trompais. Mon oncle reprit:

« Suis-moi sur la côte occidentale de l'Islande. Aperçois-tu Reykjawik, sa capitale? Oui. Bien. Remonte les fjords innombrables de ces rivages rongés par la mer, et arrête-toi un peu au-dessous du soixante-cinquième degré de latitude. Que vois-tu là?

— Une sorte de presqu'île semblable à un os décharné, que termine une énorme rotule.

— La comparaison est juste, mon garçon; maintenant, n'aperçois-tu rien sur cette rotule?

— Si, un mont qui semble avoir poussé en mer.

— Bon! c'est le Sneffels.

— Le Sneffels?

— Lui-même, une montagne haute de cinq mille pieds, l'une des plus remarquables de l'île, et à coup sûr la plus célèbre du monde entier, si son cratère aboutit au centre du globe.

— Mais c'est impossible! m'écriai-je en haussant les épaules et révolté contre une pareille supposition.

— Impossible! répondit le professeur Lidenbrock d'un ton sévère. Et pourquoi cela?

— Parce que ce cratère est évidemment obstrué par les laves, les roches brûlantes, et qu'alors...

— Et si c'est un cratère éteint?

— Éteint?

— Oui. Le nombre des volcans en activité à la surface du globe n'est actuellement que de trois cents environ ; mais il existe une bien plus grande quantité de volcans éteints. Or le Sneffels compte parmi ces derniers, et, depuis les temps historiques, il n'a eu qu'une seule éruption, celle de 1219 ; à partir de cette époque, ses rumeurs se sont apaisées peu à peu, et il n'est plus au nombre des volcans actifs. »

A ces affirmations positives je n'avais absolument rien à répondre ; je me rejetai donc sur les autres obscurités que renfermait le document.

« Que signifie ce mot Scartaris, demandai-je, et que viennent faire là les calendes de juillet ? »

Mon oncle prit quelques moments de réflexion. J'eus un instant d'espoir, mais un seul, car bientôt il me répondit en ces termes :

« Ce que tu appelles obscurité est pour moi lumière. Cela prouve les soins ingénieux avec lesquels Saknussemm a voulu préciser sa découverte. Le Sneffels est formé de plusieurs cratères ; il y avait donc nécessité d'indiquer celui d'entre eux qui mène au centre du globe. Qu'a fait le savant Islandais ? Il a remarqué qu'aux approches des calendes de juillet, c'est-à-dire vers les derniers jours du mois de juin, un des pics de la montagne, le Scartaris, projetait son ombre jusqu'à l'ouverture du cratère en question ; et il a consigné le fait dans son document. Pouvait-il imaginer une indication plus exacte, et une fois arrivés au sommet du Sneffels, nous sera-t-il possible d'hésiter sur le chemin à prendre ? »

Décidément mon oncle avait réponse à tout. Je vis bien qu'il était inattaquable sur les mots du vieux parchemin. Je cessai donc de le presser à ce sujet, et, comme il fallait le convaincre avant tout, je passais aux objections scientifiques, bien autrement graves, à mon avis.

« Allons, dis-je, je suis forcé d'en convenir, la phrase de Saknussemm est claire et ne peut laisser aucun doute à l'esprit. J'accorde même que le document a un air de parfaite authenticité. Ce savant est allé au fond du Sneffels; il a vu l'ombre du Scartaris caresser les bords du cratère avant les calendes de juillet; il a même entendu raconter dans les récits légendaires de son temps que ce cratère aboutissait au centre de la terre; mais quant à y être parvenu lui-même, quant à avoir fait le voyage et à en être revenu, s'il l'a entrepris, non, cent fois non!

— Et la raison? dit mon oncle d'un ton singulièrement moqueur.

— C'est que toutes les théories de la science démontrent qu'une pareille entreprise est impraticable!

— Toutes les théories disent cela? répondit le professeur en prenant un air bonhomme. Ah! les vilaines théories! comme elles vont nous gêner, ces pauvres théories! »

Je vis qu'il se moquait de moi, mais je continuai néanmoins.

« Oui! il est parfaitement reconnu que la chaleur augmente environ d'un degré par soixante-dix pieds de profondeur au-dessous de la surface du globe; or, en admettant cette proportionnalité constante, le rayon terrestre étant de quinze cents lieues, il existe au centre une température de deux millions de degrés. Les matières de l'intérieur de la terre se trouvent donc à l'état de gaz incandescent, car les métaux, l'or, le platine, les roches le plus dures, ne résistent pas à une pareille chaleur. J'ai donc le droit de demander s'il est possible de pénétrer dans un semblable milieu!

— Ainsi, Axel, c'est la chaleur qui t'embarrasse?

— Sans doute. Si nous arrivions à une profondeur de dix lieues seulement, nous serions parvenus à la limite de l'écorce terrestre, car déjà la température est supérieure à treize cents degrés.

— Et tu as peur d'entrer en fusion?

— Je vous laisse la question à décider, répondis-je avec humeur.

— Voici ce que je décide, répondit le professeur Lidenbrock en prenant ses grands airs;

c'est que ni toi ni personne ne sait d'une façon certaine ce qui se passe à l'intérieur du globe, attendu qu'on connaît à peine la douze millième partie de son rayon; c'est que la science est éminemment perfectible et que chaque théorie est incessamment détruite par une théorie nouvelle. N'a-t-on pas cru jusqu'à Fourier que la température des espaces planétaires allait toujours diminuant, et ne sait-on pas aujourd'hui que les plus grands froids des régions éthérées ne dépassent pas quarante ou cinquante degrés au-dessous de zéro ? Pourquoi n'en serait-il pas ainsi de la chaleur interne ? Pourquoi, à une certaine profondeur, n'atteindrait-elle pas une limite infranchissable, au lieu de s'élever jusqu'au degré de fusion des minéraux les plus réfractaires ? »

Mon oncle plaçant la question sur le terrain des hypothèses, je n'eus rien à répondre.

« Eh bien, je te dirai que de véritables savants, Poisson entre autres, ont prouvé que, si une chaleur de deux millions de degrés existait à l'intérieur du globe, les gaz incandescents provenant des matières fondues acquerraient une élasticité telle que l'écorce terrestre ne pourrait y résister et éclaterait comme les parois d'une chaudière sous l'effort de la vapeur.

— C'est l'avis de Poisson, mon oncle, voilà tout.

— D'accord, mais c'est aussi l'avis d'autres

géologues distingués, que l'intérieur du globe n'est formé ni de gaz ni d'eau, ni des plus lourdes pierres que nous connaissions, car, dans ce cas, la terre aurait un poids deux fois moindre.

— Oh! avec les chiffres on prouve tout ce qu'on veut!

— Et avec les faits, mon garçon, en est-il de même? N'est-il pas constant que le nombre des volcans a considérablement diminué depuis les premiers jours du monde, et, si chaleur centrale il y a, ne peut-on en conclure qu'elle tend à s'affaiblir?

— Mon oncle, si vous entrez dans le champ des suppositions, je n'ai plus à discuter.

— Et moi j'ai à dire qu'à mon opinion se joignent les opinions de gens fort compétents. Te souviens-tu d'une visite que me fit le célèbre chimiste anglais Humphry Davy en 1825?

— Aucunement, car je ne suis venu au monde que dix-neuf ans après.

— Eh bien, Humphry Davy vint me voir à son passage à Hambourg. Nous discutâmes longtemps, entre autres questions, l'hypothèse de la liquidité du noyau intérieur de la terre. Nous étions tous deux d'accord que cette liquidité ne pouvait exister, par une raison à laquelle la science n'a jamais trouvé de réponse.

— Et laquelle? dis-je un peu étonné.

— C'est que cette masse liquide serait sujette

comme l'Océan, à l'attraction de la lune, et conséquemment, deux fois par jour, il se produirait des marées intérieures qui, soulevant l'écorce terrestre, donneraient lieu à des tremblements de terre périodiques !

— Mais il est pourtant évident que la surface du globe a été soumise à la combustion, et il est permis de supposer que la croûte extérieure s'est refroidie d'abord, tandis que la chaleur se réfugiait au centre.

— Erreur, répondit mon oncle ; la terre a été échauffée par la combustion de sa surface, et non autrement. Sa surface était composée d'une grande quantité de métaux, tels que le potassium, le sodium, qui ont la propriété de s'enflammer au seul contact de l'air et de l'eau ; ces métaux prirent feu quand les vapeurs atmosphériques se précipitèrent en pluie sur le sol, et peu à peu, lorsque les eaux pénétrèrent dans les fissures de l'écorce terrestre, elles déterminèrent de nouveaux incendies avec explosions et éruptions. De là les volcans si nombreux aux premiers jours du monde.

— Mais voilà une ingénieuse hypothèse ! m'écriai-je un peu malgré moi.

— Et qu'Humphry Davy me rendit sensible, ici même, par une expérience bien simple. Il composa une boule métallique faite principalement des métaux dont je viens de parler, et qui figurait parfaitement notre globe ; lorsqu'on faisait tomber une fine rosée à sa surface, celle-ci se boursouflait, s'oxydait et formait une petite montagne ; un cratère s'ouvrait à son sommet ; l'éruption avait lieu et communiquait à toute la boule une chaleur telle qu'il devenait impossible de la tenir à la main. »

Vraiment, je commençais à être ébranlé par les arguments du professeur ; il les faisait valoir d'ailleurs avec sa passion et son enthousiasme habituels.

« Tu le vois, Axel, ajouta-t-il, l'état du noyau central a soulevé des hypothèses diverses entre les géologues ; rien de moins prouvé que ce fait d'une chaleur interne ; suivant moi, elle n'existe pas ; elle ne saurait exister ; nous le verrons, d'ailleurs, et, comme Arne Saknussemm, nous saurons à quoi nous en tenir sur cette grande question.

Eh bien ! oui, répondis-je en me sentant gagner à cet enthousiasme ; oui, nous le verrons, si on y voit toutefois.

— Et pourquoi pas ? Ne pouvons-nous compter sur des phénomènes électriques pour nous éclairer, et même sur l'atmosphère, que sa pression peut rendre lumineuse en s'approchant du centre ?

— Oui, dis-je, oui ! cela est possible, après tout.

— Cela est certain, répondit triomphalement

mon oncle ; mais silence, entends-tu ! silence sur tout ceci, et que personne n'ait idée de découvrir avant nous le centre de la terre »

VII

Ainsi se termina cette mémorable séance. Cet entretien me donna la fièvre. Je sortis du cabinet de mon oncle comme étourdi, et il n'y avait pas assez d'air dans les rues de Hambourg pour me remettre, je gagnai donc les bords de l'Elbe, du côté du bac à vapeur qui met la ville en communication avec le chemin de fer de Harbourg

Étais-je convaincu de ce que je venais d'apprendre ? N'avais-je pas subi la domination du professeur Lidenbrock ? Devais-je prendre au sérieux sa résolution d'aller au centre du massif terrestre ? Venais-je d'entendre les spéculations insensées d'un fou ou les déductions scientifiques d'un grand génie ? En tout cela, où s'arrêtait la vérité, où commençait l'erreur ?

Je flottais entre mille hypothèses contradictoires, sans pouvoir m'accrocher à aucune.

Cependant je me rappelais avoir été convaincu, quoique mon enthousiasme commençât à se modérer ; mais j'aurais voulu partir immédiatement et ne pas prendre le temps de la réflexion. Oui, le courage ne m'eût pas manqué pour boucler ma valise en ce moment.

Il faut pourtant l'avouer, une heure après, cette surexcitation tomba ; mes nerfs se détendirent, et des profonds abîmes de la terre je remontai à sa surface.

« C'est absurde ! m'écriai-je ; cela n'a pas le sens commun ! Ce n'est pas une proposition sérieuse à faire à un garçon sensé. Rien de tout cela n'existe. J'ai mal dormi, j'ai fait un mauvais rêve. »

Cependant j'avais suivi les bords de l'Elbe et tourné la ville. Après avoir remonté le port, j'étais arrivé à la route d'Altona. Un pressentiment me conduisait, pressentiment justifié, car j'aperçus bientôt ma petite Graüben qui, de son pied leste, revenait bravement à Hambourg.

« Graüben ! » lui criai-je de loin.

La jeune fille s'arrêta, un peu troublée, j'imagine, de s'entendre appeler ainsi sur une grande route. En dix pas je fus près d'elle.

« Axel ! fit-elle surprise. Ah ! tu es venu à ma rencontre ! C'est bien cela, monsieur. »

Mais, en me regardant, Graüben ne put se méprendre à mon air inquiet, bouleversé.

« Qu'as-tu donc ? dit-elle en me tendant la main.

— Ce que j'ai, Graüben ! » m'écriai-je.

En deux secondes et en trois phrases ma jolie

Virlandaise était au courant de la situation. Pendant quelques instants elle garda le silence. Son cœur palpitait-il à l'égal du mien? je l'ignore, mais sa main ne tremblait pas dans la mienne. Nous fîmes une centaine de pas sans parler.

« Axel! me dit-elle enfin.

— Ma chère Graüben!

— Ce sera là un beau voyage. »

Je bondis à ces mots.

« Oui, Axel, et digne du neveu d'un savant. Il est bien qu'un homme se soit distingué par quelque grande entreprise!

— Quoi! Graüben, tu ne me détournes pas de tenter une pareille expédition?

— Non, cher Axel, et ton oncle et toi, je vous accompagnerais volontiers, si une pauvre fille ne devait être un embarras pour vous.

— Dis-tu vrai?

— Je dis vrai. »

Ah! femmes, jeunes filles, cœurs féminins toujours incompréhensibles! Quand vous n'êtes pas les plus timides des êtres, vous en êtes les plus braves! La raison n'a que faire auprès de vous. Quoi! cette enfant m'encourageait à prendre part à cette expédition! Elle n'eût pas craint de tenter l'aventure. Elle m'y poussait, moi qu'elle aimait cependant!

J'étais déconcerté et, pourquoi ne pas le dire, honteux.

« Graüben, repris-je, nous verrons si demain tu parleras de cette manière.

— Demain, cher Axel, je parlerai comme aujourd'hui. »

Graüben et moi, nous tenant par la main, mais gardant un profond silence, nous continuâmes notre chemin. J'étais brisé par les émotions de la journée.

« Après tout, pensai-je, les calendes de juillet sont encore loin et, d'ici là, bien des événements se passeront qui guériront mon oncle de sa manie de voyager sous terre. »

La nuit était venue quand nous arrivâmes à la maison de König-strasse. Je m'attendais à trouver la demeure tranquille, mon oncle couché suivant son habitude et la bonne Marthe donnant à la salle à manger le dernier coup de plumeau du soir.

Mais j'avais compté sans l'impatience du professeur. Je le trouvai criant, s'agitant au milieu d'une troupe de porteurs qui déchargeaient certaines marchandises dans l'allée ; la vieille servante ne savait où donner de la tête.

« Mais viens donc, Axel ; hâte-toi donc, malheureux ! s'écria mon oncle du plus loin qu'il m'aperçut, et ta malle qui n'est pas faite, et mes papiers qui ne sont pas en ordre, et mon sac de voyage dont je ne trouve pas la clef, et mes guêtres qui n'arrivent pas ! »

Je demeurai stupéfait. La voix me manquait pour parler. C'est à peine si mes lèvres purent articuler ces mots :

« Nous partons donc ?

— Oui, malheureux garçon, qui vas te promener au lieu d'être là !

— Nous partons ? répétai-je d'une voix affaiblie.

— Oui, après-demain matin, à la première heure. »

Je ne pus en entendre davantage, et je m'enfuis dans ma petite chambre.

Il n'y avait plus à en douter ; mon oncle venait d'employer son après-midi à se procurer une partie des objets et ustensiles nécessaires à son voyage ; l'allée était encombrée d'échelles de cordes à nœuds, de torches, de gourdes, de crampons de fer, de pics, de bâtons ferrés, de pioches, de quoi charger dix hommes au moins.

Je passai une nuit affreuse. Le lendemain je m'entendis appeler de bonne heure. J'étais décidé à ne pas ouvrir ma porte. Mais le moyen de résister à la douce voix qui prononçait ces mots : « Mon cher Axel ? »

Je sortis de ma chambre. Je pensai que mon air défait, ma pâleur, mes yeux rougis par l'insomnie allaient produire leur effet sur Graüben et changer ses idées.

« Ah ! mon cher Axel, me dit-elle, je vois que

tu te portes mieux et que la nuit t'a calmé.

— Calmé! » m'écriai-je.

Je me précipitai vers mon miroir. Eh bien, j'avais moins mauvaise mine que je ne le supposais. C'était à n'y pas croire.

« Axel, me dit Graüben, j'ai longtemps causé avec mon tuteur. C'est un hardi savant, un homme de grand courage, et tu te souviendras que son sang coule dans tes veines. Il m'a raconté ses projets, ses espérances, pourquoi et comment il espère atteindre son but. Il y parviendra, je n'en doute pas. Ah! cher Axel, c'est beau de se dévouer ainsi à la science! Quelle gloire attend M. Lidenbrock et rejaillira sur son compagnon! Au retour, Axel, tu seras un homme, son égal, libre de parler, libre d'agir, libre enfin de... »

La jeune fille, rougissante, n'acheva pas. Ses paroles me ranimaient. Cependant je ne voulais pas croire encore à notre départ. J'entrainai Graüben vers le cabinet du professeur.

« Mon oncle, dis-je, il est donc bien décidé que nous partons?

— Comment! tu en doutes?

— Non, dis-je afin de ne pas le contrarier. Seulement, je vous demanderai ce qui nous presse.

— Mais le temps! le temps qui fuit avec une irréparable vitesse!

— Cependant nous ne sommes qu'au 26 mai, et jusqu'à la fin de juin...

— Eh! crois-tu donc, ignorant, qu'on se rende si facilement en Islande? Si tu ne m'avais pas quitté comme un fou, je t'aurais emmené au bureau-office de Copenhague, chez Liffender et Co. Là, tu aurais vu que de Copenhague à Reykjawik il n'y a qu'un service.

— Eh bien?

— Eh bien! si nous attendions au 22 juin, nous arriverions trop tard pour voir l'ombre du Scartaris caresser le cratère du Sneffels; il faut donc gagner Copenhague au plus vite pour y chercher un moyen de transport. Va faire ta malle! »

Il n'y avait pas un mot à répondre. Je remontai dans ma chambre. Graüben me suivit. Ce fut elle qui se chargea de mettre en ordre, dans une petite valise, les objets nécessaires à mon voyage. Elle n'était pas plus émue que s'il se fût agi d'une promenade à Lubeck ou à Heligoland; ses petites mains allaient et venaient sans précipitation; elle causait avec calme; elle me donnait les raisons les plus sensées en faveur de notre expédition. Elle m'enchantait, et je me sentais une grosse colère contre elle. Quelquefois je voulais m'emporter, mais elle n'y prenait garde et continuait méthodiquement sa tranquille besogne.

Enfin la dernière courroie de la valise fut bouclée. Je descendis au rez-de-chaussée.

Pendant cette journée les fournisseurs d'instruments de physique, d'armes, d'appareils électriques s'étaient multipliés. La bonne Marthe en perdait la tête.

« Est-ce que Monsieur est fou ? » me dit-elle.

Je fis un signe affirmatif.

« Et il vous emmène avec lui ? »

Même affirmation.

« Où cela ? dit-elle. »

J'indiquai du doigt le centre de la terre.

« A la cave ? s'écria la vieille servante.

— Non, dis-je enfin, plus bas ! »

Le soir arriva. Je n'avais plus conscience du temps écoulé.

« A demain matin, dit mon oncle, nous partons à six heures précises. »

A dix heures je tombai sur mon lit comme une masse inerte.

Pendant la nuit mes terreurs me reprirent. Je la passai à rêver de gouffres ! J'étais en proie au délire. Je me sentais étreint par la main vigoureuse du professeur, entraîné, abîmé, enlisé ! Je tombais au fond d'insondables précipices avec cette vitesse croissante des corps abandonnés dans l'espace. Ma vie n'était plus qu'une chute interminable.

Je me réveillai à cinq heures, brisé de fatigue

et d'émotion. Je descendis à la salle à manger. Mon oncle était à table. Il dévorait. Je le regardai avec un sentiment d'horreur. Mais Graüben était là. Je ne dis rien. Je ne pus manger.

A cinq heures et demie, un roulement se fit entendre dans la rue. Une large voiture arrivait pour nous conduire au chemin de fer d'Altona. Elle fut bientôt encombrée des colis de mon oncle.

« Et ta malle ? me dit-il.

— Elle est prête, répondis-je en défaillant.

— Dépêche-toi donc de la descendre, ou tu vas nous faire manquer le train ! »

Lutter contre ma destinée me parut alors impossible. Je remontai dans ma chambre, et, laissant glisser ma valise sur les marches de l'escalier, je m'élançai à sa suite.

En ce moment mon oncle remettait solennellement entre les mains de Graüben « les rênes » de sa maison. Ma jolie Virlandaise conservait son calme habituel. Elle embrassa son tuteur, mais elle ne put retenir une larme en effleurant ma joue de ses douces lèvres.

« Graüben ! m'écriai-je.

— Va, mon cher Axel, va, me dit-elle, tu quittes ta fiancée, mais tu trouveras ta femme au retour. »

Je serrai Graüben dans mes bras, et pris place dans la voiture. Marthe et la jeune fille, du seuil de la porte, nous adressèrent un dernier adieu ; puis les deux chevaux, excités par le sifflement de leur conducteur, s'élancèrent au galop sur la route d'Altona.

VIII

Altona, véritable banlieue de Hambourg, est tête de ligne du chemin de fer de Kiel qui devait nous conduire au rivage des Belt. En moins de vingt minutes, nous entrions sur le territoire du Holstein.

A six heures et demie la voiture s'arrêta devant la gare ; les nombreux colis de mon oncle, ses volumineux articles de voyage furent déchargés, transportés, pesés, étiquetés, rechargés dans le wagon de bagages, et à sept heures nous étions assis l'un vis-à-vis de l'autre dans le même compartiment. La vapeur siffla, la locomotive se mit en mouvement. Nous étions partis.

Étais-je résigné ? Pas encore. Cependant l'air frais du matin, les détails de la route rapidement renouvelés par la vitesse du train me distrayaient de ma grande préoccupation.

Quant à la pensée du professeur, elle devançait évidemment ce convoi trop lent au gré de son impatience. Nous étions seuls dans le wagon, mais sans parler. Mon oncle revisitait ses poches et son sac de voyage avec une minutieuse attention. Je vis bien que rien ne lui manquait des pièces nécessaires à l'exécution de ses projets.

Entre autres, une feuille de papier, pliée avec soin, portait l'entête de la chancellerie danoise, avec la signature de M. Christienson, consul à Hambourg et l'ami du professeur. Cela devait nous donner toute facilité d'obtenir à Copenhague des recommandations pour le gouverneur de l'Islande.

J'aperçus aussi le fameux document précieusement enfoui dans la plus secrète poche du portefeuille. Je le maudis du fond du cœur, et je me remis à examiner le pays. C'était une vaste suite de plaines peu curieuses, monotones, limoneuses et assez fécondes : une campagne très favorable à l'établissement d'un railway et propice à ces lignes droites si chères aux compagnies de chemins de fer.

Mais cette monotonie n'eut pas le temps de me fatiguer, car, trois heures après notre départ, le train s'arrêtait à Kiel, à deux pas de la mer.

Nos bagages étant enregistrés pour Copenhague, il n'y eut pas à s'en occuper. Cependant le professeur les suivit d'un œil inquiet pendant leur transport au bateau à vapeur. Là ils disparurent à fond de cale.

Mon oncle, dans sa précipitation, avait si bien calculé les heures de correspondance du chemin de fer et du bateau, qu'il nous restait une journée entière à perdre. Le steamer l'*Ellenora* ne partait pas avant la nuit. De là une fièvre de neuf heures, pendant laquelle l'irascible voyageur envoya à tous les diables l'administration des bateaux et des railways et les gouvernements qui toléraient de pareils abus. Je dus faire chorus avec lui quand il entreprit le capitaine de l'*Ellenora* à ce sujet. Il voulait l'obliger à chauffer sans perdre un instant. L'autre l'envoya promener.

A Kiel, comme ailleurs, il faut bien qu'une journée se passe. A force de nous promener sur les rivages verdoyants de la baie au fond de laquelle s'élève la petite ville, de parcourir les bois touffus qui lui donnent l'apparence d'un nid dans un faisceau de branches, d'admirer les villas pourvues chacune de leur petite maison de bain froid, enfin de courir et de maugréer, nous atteignimes dix heures du soir.

Les tourbillons de la fumée de l'*Ellenora* se développaient dans le ciel; le pont tremblotait sous les frissonnements de la chaudière; nous étions à bord et propriétaires de deux couchettes étagées dans l'unique chambre du bateau.

A dix heures un quart les amarres furent larguées, et le steamer fila rapidement sur les sombres eaux du grand Belt.

La nuit était noire; il y avait belle brise et forte mer; quelques feux de la côte apparurent dans les ténèbres; plus tard, je ne sais, un phare à éclats étincela au-dessus des flots; ce fut tout ce qui resta dans mon souvenir de cette première traversée.

A sept heures du matin nous débarquions à Korsör, petite ville située sur la côte occidentale du Seeland. Là nous sautions du bateau dans un nouveau chemin de fer qui nous emportait à travers un pays non moins plat que les campagnes du Holstein.

C'était encore trois heures de voyage avant d'atteindre la capitale du Danemark. Mon oncle n'avait pas fermé l'œil de la nuit. Dans son impatience, je crois qu'il poussait le wagon avec ses pieds.

Enfin il aperçut une échappée de mer.

« Le Sund! » s'écria-t-il.

Il y avait sur notre gauche une vaste construction qui ressemblait à un hôpital.

« C'est une maison de fous, dit un de nos compagnons de voyage.

— Bon, pensai-je, voilà un établissement où nous devrions finir nos jours! Et, si grand qu'il fût, cet hôpital serait encore trop petit pour contenir toute la folie du professeur Lidenbrock! »

Enfin, à dix heures du matin, nous prenions pied à Copenhague; les bagages furent chargés sur une voiture et conduits avec nous à l'hôtel du Phœnix dans Bred-Gade. Ce fut l'affaire d'une demi-heure, car la gare est située en dehors de la ville. Puis mon oncle, faisant une toilette sommaire, m'entraina à sa suite. Le portier de l'hôtel parlait l'allemand et l'anglais ; mais le professeur, en sa qualité de polyglotte, l'interrogea en bon danois, et ce fut en bon danois que ce personnage lui indiqua la situation du Muséum des Antiquités du Nord.

Le directeur de ce curieux établissement, où sont entassées des merveilles qui permettraient de reconstruire l'histoire du pays avec ses vieilles armes de pierre, ses hanaps et ses bijoux, était un savant, l'ami du consul de Hambourg, M. le professeur Thomson.

Mon oncle avait pour lui une chaude lettre de recommandation. En général, un savant en reçoit assez mal un autre. Mais ici ce fut tout autrement. M. Thomson, en homme serviable, fit un cordial accueil au professeur Lidenbrock, et même à son neveu. Dire que notre secret fut gardé vis-à-vis de l'excellent directeur du Muséum, c'est à peine nécessaire. Nous voulions tout bonnement visiter l'Islande en amateurs désintéressés.

M. Thomson se mit entièrement à notre disposition, et nous courûmes les quais afin de chercher un navire en partance

J'espérais que les moyens de transport manqueraient absolument ; mais il n'en fut rien. Une petite goélette danoise, la *Valkyrie,* devait mettre à la voile le 2 juin pour Reykjawik. Le capitaine, M. Bjarne, se trouvait à bord ; son futur passager, dans sa joie, lui serra les mains à les briser. Ce brave homme fut un peu étonné d'une pareille étreinte. Il trouvait tout simple d'aller en Islande, puisque c'était son métier. Mon oncle trouvait cela sublime. Le digne capitaine profita de cet enthousiasme pour nous faire payer double le passage sur son bâtiment. Mais nous n'y regardions pas de si près.

« Soyez à bord mardi, à sept heures du matin, » dit M. Bjarne après avoir empoché un nombre respectable de species-dollars.

Nous remerciâmes alors M. Thomson de ses bons soins, et nous revînmes à l'hôtel du Phœnix.

« Cela va bien ! cela va très bien, répétait mon oncle. Quel heureux hasard d'avoir trouvé ce bâtiment prêt à partir ! Maintenant déjeunons, et allons visiter la ville. »

Nous nous rendîmes à Kongens-Nye-Torw, place irrégulière où se trouve un poste avec deux innocents canons braqués qui ne font peur à personne. Tout près, au n° 5, il y avait une « restauration » française, tenue par un cuisinier nommé Vincent ; nous y déjeunâmes suffisamment pour le prix modéré de quatre marks chacun [1].

Puis je pris un plaisir d'enfant à parcourir la ville ; mon oncle se laissait promener ; d'ailleurs il ne vit rien, ni l'insignifiant palais du roi, ni le joli pont du dix-septième siècle qui enjambe le canal devant le Muséum, ni cet immense cénotaphe de Torwaldsen, orné de peintures murales horribles et qui contient à l'intérieur les œuvres de ce statuaire, ni, dans un assez beau parc, le château bonbonnière de Rosenborg, ni l'admirable édifice renaissance de la Bourse, ni son clocher fait avec les queues entrelacées de quatre dragons de bronze, ni les grands moulins des remparts, dont les vastes ailes s'enflaient comme les voiles d'un vaisseau au vent de la mer.

Quelles délicieuses promenades nous eussions faites, ma jolie Virlandaise et moi, du côté du port où les deux-ponts et les frégates dormaient paisiblement sous leur toiture rouge, sur les bords verdoyants du détroit, à travers ces ombrages touffus au sein desquels se cache la citadelle, dont les canons allongent leur gueule noirâtre entre les branches des sureaux et des saules !

Mais, hélas ! elle était loin, ma pauvre Graüben, et pouvais-je espérer de la revoir jamais !

---

[1]. 2 fr. 75 c, environ.

Cependant, si mon oncle ne remarqua rien de ces sites enchanteurs, il fut vivement frappé par la vue d'un certain clocher situé dans l'île d'Amak, qui forme le quartier sud-ouest de Copenhague.

Je reçus l'ordre de diriger nos pas de ce côté; je montai dans une petite embarcation à vapeur qui faisait le service des canaux, et, en quelques instants, elle accosta le quai de Dock-Yard.

Après avoir traversé quelques rues étroites où des galériens, vêtus de pantalons mi-partie jaunes et gris, travaillaient sous le bâton des argousins, nous arrivâmes devant Vor-Frelsers-Kirk. Cette église n'offrait rien de remarquable. Mais voici pourquoi son clocher assez élevé avait attiré l'attention du professeur : à partir de la plate-forme, un escalier extérieur circulait autour de sa flèche, et ses spirales se déroulaient en plein ciel.

« Montons, dit mon oncle.

— Mais, le vertige? répliquai-je.

— Raison de plus, il faut s'y habituer.

— Cependant...

— Viens, te dis-je, ne perdons pas de temps. »

Il fallut obéir. Un gardien, qui demeurait de l'autre côté de la rue, nous remit une clef, et l'ascension commença.

Mon oncle me précédait d'un pas alerte. Je le suivais non sans terreur, car la tête me tournait avec une déplorable facilité. Je n'avais ni l'aplomb des aigles ni l'insensibilité de leurs nerfs.

Tant que nous fûmes emprisonnés dans la vis intérieure, tout alla bien; mais après cent cinquante marches l'air vint me frapper au visage; nous étions parvenus à la plate-forme du clocher. Là commençait l'escalier aérien, gardé par une frêle rampe, et dont les marches, de plus en plus étroites, semblaient monter vers l'infini.

« Je ne pourrai jamais! m'écriai-je.

— Serais-tu poltron, par hasard? Monte! » répondit impitoyablement le professeur.

Force fut de le suivre en me cramponnant. Le grand air m'étourdissait; je sentais le clocher osciller sous les rafales; mes jambes se dérobaient; je grimpai bientôt sur les genoux, puis sur le ventre; je fermais les yeux; j'éprouvais le mal de l'espace.

Enfin, mon oncle me tirant par le collet, j'arrivai près de la boule.

« Regarde, me dit-il, et regarde bien! il faut prendre *des leçons d'abîme!* »

Je dus ouvrir les yeux. J'apercevais les maisons aplaties et comme écrasées par une chute, au milieu du brouillard des fumées. Au-dessus de ma tête passaient des nuages échevelés, et, par un renversement d'optique, ils me paraissaient immobiles, tandis que le clocher, la boule, moi, nous étions entraînés avec une fantastique vitesse. Au loin, d'un côté s'étendait la campagne verdoyante ; de l'autre étincelait la mer sous un faisceau de rayons. Le Sund se déroulait à la pointe d'Elseneur, avec quelques voiles blanches, véritables ailes de goéland, et dans la brume de l'est ondulaient les côtes à peine estompées de la Suède. Toute cette immensité tourbillonnait à mes regards.

Néanmoins il fallut me lever, me tenir droit et regarder. Ma première leçon de vertige dura une heure. Quand enfin il me fut permis de redescendre et de toucher du pied le pavé solide des rues, j'étais courbaturé.

« Nous recommencerons demain, » dit mon professeur.

Et en effet, pendant cinq jours, je repris cet exercice vertigineux, et, bon gré mal gré, je fis des progrès sensibles dans l'art « des hautes contemplations ».

IX

Le jour du départ arriva. La veille, le complaisant M. Thomson nous avait apporté des lettres de recommandations pressantes pour le comte Trampe, gouverneur de l'Islande, M. Pictursson, le coadjuteur de l'évêque, et M. Finsen, maire de Reykjawik. En retour, mon oncle lui octroya les plus chaleureuses poignées de main.

Le 2, à six heures du matin, nos précieux bagages étaient rendus à bord de la *Valkyrie*. Le capitaine nous conduisit à des cabines assez étroites et disposées sous une espèce de rouf.

« Avons-nous bon vent? demanda mon oncle.

— Excellent, répondit le capitaine Bjarne. Un vent de sud-est. Nous allons sortir du Sund grand largue et toutes voiles dehors. »

Quelques instants plus tard, la goélette, sous sa misaine, sa brigantine, son hunier et son perroquet, appareilla et donna à pleine toile dans le détroit. Une heure après la capitale du Danemark semblait s'enfoncer dans les flots éloignés et la *Valky.. ..asait* la côte d'Elseneur. Dans la disposition nerveuse où je me trouvais, je m'attendais à voir l'ombre d'Hamlet errant sur la terrasse légendaire.

« Sublime insensé! disais-je, tu nous approuverais sans doute! tu nous suivrais peut-être pour venir au centre du globe chercher une solution à ton doute éternel! »

Mais rien ne parut sur les antiques murailles; le château est, d'ailleurs, beaucoup plus jeune que l'héroïque prince de Danemark. Il sert maintenant de loge somptueuse au portier de ce détroit du Sund où passent chaque année quinze mille navires de toutes les nations.

Le château de Krongborg disparut bientôt dans la brume, ainsi que la tour d'Helsinborg, élevée sur la rive suédoise, et la goélette s'inclina légèrement sous les brises du Cattégat.

La *Valkyrie* était fine voilière, mais avec un navire à voiles on ne sait jamais trop sur quoi compter. Elle transportait à Reykjawik du charbon, des ustensiles de ménage, de la poterie, des vêtements de laine et une cargaison de blé; cinq hommes d'équipage, tous Danois, suffisaient à la manœuvrer.

« Quelle sera la durée de la traversée? demanda mon oncle au capitaine.

— Une dizaine de jours, répondit ce dernier, si nous ne rencontrons pas trop de grains de nord-ouest par le travers des Feroë.

— Mais, enfin, vous n'êtes pas sujet à éprouver des retards considérables ?

— Non, monsieur Lidenbrock ; soyez tranquille, nous arriverons. »

Vers le soir la goélette doubla le cap Skagen à la pointe nord du Danemark, traversa pendant la nuit le Skager-Rak, rangea l'extrémité de la Norvège par le travers du cap Lindness et donna dans la mer du Nord.

Deux jours après, nous avions connaissance des côtes d'Écosse à la hauteur de Peterheade, et la *Valkyrie* se dirigea vers les Feroë en passant entre les Orcades et les Seethland.

Bientôt notre goélette fut battue par les vagues de l'Atlantique ; elle dut louvoyer contre le vent du nord et n'atteignit pas sans peine les Feroë. Le 3, le capitaine reconnut Myganness, la plus orientale de ces îles, et, à partir de ce moment, il marcha droit au cap Portland, situé sur la côte méridionale de l'Islande.

La traversée n'offrit aucun incident remarquable. Je supportai assez bien les épreuves de la mer ; mon oncle, à son grand dépit, et à sa honte plus grande encore, ne cessa pas d'être malade.

Il ne put donc entreprendre le capitaine Bjarne sur la question du Sneffels, sur les moyens de communication, sur les facilités de transport ; il dut remettre ses explications à son arrivée et passa tout son temps étendu dans sa cabine, dont les cloisons craquaient par les grands coups de tangage. Il faut l'avouer, il méritait un peu son sort.

Le 11, nous relevâmes le cap Portland ; le temps, clair alors, permit d'apercevoir le Myrdals Yocul, qui le domine. Le cap se compose d'un gros morne à pentes roides, et planté tout seul sur la plage.

La *Valkyrie* se tint à une distance raisonnable des côtes, en les prolongeant vers l'ouest, au milieu de nombreux troupeaux de baleines et de requins. Bientôt apparut un immense rocher percé à jour, au travers duquel la mer écumeuse donnait avec furie. Les ilots de Westman semblèrent sortir de l'Océan, comme une semée de rocs sur la plaine liquide. A partir de ce moment, la goélette prit du champ pour tourner à bonne distance le cap Reykjaness, qui ferme l'angle occidental de l'Islande.

La mer, très forte, empêchait mon oncle de monter sur le pont pour admirer ces côtes déchiquetées et battues par les vents du sud-ouest.

Quarante-huit heures après, en sortant d'une tempête qui força la goélette de fuir à sec de toile, on releva dans l'est la balise de la pointe de Skagen, dont les roches dangereuses se prolongent à une grande distance sous les flots. Un pilote islandais vint à bord, et, trois heures plus tard, la *Valkyrie* mouillait devant Reykjawik, dans la baie de Faxa.

Le professeur sortit enfin de sa cabine, un peu pâle, un peu défait, mais toujours enthousiaste, et avec un regard de satisfaction dans les yeux.

La population de la ville, singulièrement intéressée par l'arrivée d'un navire dans lequel chacun a quelque chose à prendre, se groupait sur le quai.

Mon oncle avait hâte d'abandonner sa prison flottante, pour ne pas dire son hôpital. Mais avant de quitter le pont de la goélette, il m'entraîna à l'avant, et là, du doigt, il me montra, à la partie septentrionale de la baie, une haute montagne à deux pointes, un double cône couvert de neiges éternelles.

« Le Sneffels! s'écria-t-il, le Sneffels! »

Puis, après m'avoir recommandé du geste un silence absolu, il descendit dans le canot qui l'attendait. Je le suivis, et bientôt nous foulions du pied le sol de l'Islande.

Tout d'abord apparut un homme de bonne figure et revêtu d'un costume de général. Ce n'était cependant qu'un simple magistrat, le gouverneur de l'île, M. le baron Trampe en personne. Le professeur reconnut à qui il avait affaire. Il remit au gouverneur ses lettres de Copenhague, et il s'établit en danois une courte conversation à laquelle je demeurai absolument étranger, et pour cause. Mais de ce premier entretien il résulta ceci : que le baron Trampe se mettait entièrement à la disposition du professeur Lidenbrock.

Mon oncle reçut un accueil fort aimable du maire, M. Finson, non moins militaire par le costume que le gouverneur, mais aussi pacifique par tempérament et par état.

Quant au coadjuteur, M. Pictursson, il faisait actuellement une tournée épiscopale dans le Bailliage du nord; nous devions renoncer provisoirement à lui être présentés. Mais un charmant homme, et dont le concours nous devint fort précieux, ce fut M. Fridriksson, professeur de sciences naturelles à l'école de Reykjawik. Ce savant modeste ne parlait que l'islandais et le latin; il vint m'offrir ses services dans la langue d'Horace, et je sentis que nous étions faits pour nous comprendre. Ce fut, en effet, le seul personnage avec lequel je pus m'entretenir pendant mon séjour en Islande.

Sur trois chambres dont se composait sa maison, cet excellent homme en mit deux à notre disposition, et bientôt nous y fûmes installés avec nos bagages, dont la quantité étonna un peu les habitants de Reykjawik.

« Eh bien, Axel, me dit mon oncle, cela va, et le plus difficile est fait.

— Comment, le plus difficile? m'écriai-je.

— Sans doute, nous n'avons plus qu'à descendre!

— Si vous le prenez ainsi, vous avez raison; mais enfin, après avoir descendu, il faudra remonter, j'imagine ?

— Oh! cela ne m'inquiète guère ! Voyons ! il n'y a pas de temps à perdre. Je vais me rendre à la bibliothèque. Peut-être s'y trouve-t-il quelque manuscrit de Saknussemm, et je serais bien aise de le consulter.

— Alors, pendant ce temps, je vais visiter la ville. Est-ce que vous n'en ferez pas autant ?

— Oh! cela m'intéresse médiocrement. Ce qui est curieux dans cette terre d'Islande n'est pas dessus, mais dessous.

Je sortis et j'errai au hasard.

S'égarer dans les deux rues de Reykjawik n'eût pas été chose facile. Je ne fus donc pas obligé de demander mon chemin, ce qui, dans la langue des gestes, expose à beaucoup de mécomptes.

La ville s'allonge sur un sol assez bas et marécageux, entre deux collines. Une immense coulée de laves la couvre d'un côté et descend en rampes assez douces vers la mer. De l'autre s'étend cette vaste baie de Faxa bornée au nord par l'énorme glacier du Sneffels, et dans laquelle la *Valkyrie* se trouvait seule à l'ancre en ce moment. Ordinairement les gardes-pêche anglais et français s'y tiennent mouillés au large ; mais ils étaient alors en service sur les côtes orientales de l'île.

La plus longue des deux rues de Reykjawik est parallèle au rivage ; là demeurent les marchands et les négociants, dans des cabanes de bois faites de poutres rouges horizontalement disposées ; l'autre rue, située plus à l'ouest, court vers un petit lac, entre les maisons de l'évêque et des autres personnages étrangers au commerce.

J'eus bientôt arpenté ces voies mornes et tristes ; j'entrevoyais parfois un bout de gazon décoloré, comme un vieux tapis de laine râpé par l'usage, ou bien quelque apparence de verger, dont les rares légumes, pommes de terre, choux et laitues, eussent figuré à l'aise sur une table lilliputienne ; quelques giroflées maladives essayaient aussi de prendre un petit air de soleil.

Vers le milieu de la rue non commerçante, je trouvai le cimetière public enclos d'un mur en terre, et dans lequel la place ne manquait pas. Puis, en quelques enjambées, j'arrivai à la maison du gouverneur, une masure comparée à l'hôtel de ville de Hambourg, un palais auprès des huttes de la population islandaise.

Entre le petit lac et la ville s'élevait l'église, bâtie dans le goût protestant et construite en pierres calcinées dont les volcans font eux-mêmes les frais d'extraction ; par les grands vents d'ouest, son toit de tuiles rouges devait évidemment se disperser dans les airs au grand dommage des fidèles.

Sur une éminence voisine, j'aperçus l'École Nationale, où, comme je l'appris plus tard de notre hôte, on professait : l'hébreu, l'anglais, le français et le danois, quatre langues dont, à ma honte, je ne connaissais pas le premier mot. J'aurais été le dernier des quarante élèves que comptait ce petit collège, et indigne de coucher avec eux dans ces armoires à deux compartiments où de plus délicats étoufferaient dès la première nuit.

En trois heures j'eus visité non seulement la ville, mais ses environs. L'aspect général en était singulièrement triste. Pas d'arbres, pas de végétation, pour ainsi dire. Partout les arêtes vives des roches volcaniques. Les huttes des Islandais sont faites de terre et de tourbe, et leurs murs inclinés en dedans; elles ressemblent à des toits posés sur le sol. Seulement ces toits sont des prairies relativement fécondes. Grâce à la chaleur de l'habitation, l'herbe y pousse avec assez de perfection, et on la fauche soigneusement à l'époque de la fenaison, sans quoi les animaux domestiques viendraient paître sur ces demeures verdoyantes.

Pendant mon excursion, je rencontrai peu d'habitants; en revenant de la rue commerçante, je vis la plus grande partie de la population occupée à sécher, saler et charger des morues, principal article d'exportation. Les hommes paraissaient robustes, mais lourds, des espèces d'Allemands blonds, à l'œil pensif, qui se sentent un peu en dehors de l'humanité, pauvres exilés relégués sur cette terre de glace, dont la nature aurait bien dû faire des Esquimaux, puisqu'elle les condamnait à vivre sur la limite du cercle polaire! J'essayais en vain de surprendre un sourire sur leur visage; ils riaient quelquefois par une sorte de contraction involontaire des muscles, mais ils ne souriaient jamais.

Leur costume consistait en une grossière vareuse de laine noire connue dans tous les pays scandinaves sous le nom de « vadmel », un chapeau à vastes bords, un pantalon à liséré rouge et un morceau de cuir replié en manière de chaussure.

Les femmes, à figure triste et résignée, d'un type assez agréable, mais sans expression, étaient vêtues d'un corsage et d'une jupe de « vadmel » sombre : filles, elles portaient sur leurs cheveux tressés en guirlandes un petit bonnet de tricot brun ; mariées, elles entouraient leur tête d'un mouchoir de couleur, surmonté d'un cimier de toile blanche.

Après une bonne promenade, lorsque je rentrai dans la maison de M. Fridriksson, mon oncle s'y trouvait déjà en compagnie de son hôte.

X

Le dîner était prêt ; il fut dévoré avec avidité par le professeur Lidenbrock, dont la diète forcée du bord avait changé l'estomac en un gouffre profond. Ce repas, plus danois qu'islandais, n'eut rien de remarquable en lui-même ; mais notre hôte, plus islandais que danois, me rappela les héros de l'antique hospitalité. Il me parut évident que nous étions chez lui plus que lui-même.

La conversation se fit en langue indigène, que mon oncle entremêlait d'allemand et M. Fridriksson de latin, afin que je pusse la comprendre. Elle roula sur des questions scientifiques, comme il convient à des savants ; mais le professeur Lidenbrock se tint sur la plus excessive réserve, et ses yeux me recommandaient, à chaque phrase, un silence absolu touchant nos projets à venir.

Tout d'abord, M. Fridriksson s'enquit auprès de mon oncle du résultat de ses recherches à la bibliothèque.

« Votre bibliothèque ! s'écria ce dernier, elle

ne se compose que de livres dépareillés sur des rayons presque déserts.

— Comment! répondit M. Fridriksson, nous possédons huit mille volumes dont beaucoup sont précieux et rares, des ouvrages en vieille langue scandinave, et toutes les nouveautés dont Copenhague nous approvisionne chaque année.

— Où prenez-vous ces huit mille volumes? Pour mon compte...

— Oh! monsieur Lidenbrock, ils courent le pays; on a le goût de l'étude dans notre vieille île de glace! Pas un fermier, pas un pêcheur qui ne sache lire et ne lise. Nous pensons que des livres, au lieu de moisir derrière une grille de fer, loin des regards curieux, sont destinés à s'user sous les yeux des lecteurs. Aussi ces volumes passent-ils de main en main, feuilletés, lus et relus, et souvent ils ne reviennent à leur rayon qu'après un an ou deux d'absence.

— En attendant, répondit mon oncle avec un certain dépit, les étrangers...

— Que voulez-vous! les étrangers ont chez eux leurs bibliothèques, et, avant tout, il faut que nos paysans s'instruisent. Je vous le répète, l'amour de l'étude est dans le sang islandais. Aussi, en 1816, nous avons fondé une Société Littéraire qui va bien; des savants étrangers s'honorent d'en faire partie; elle publie des livres destinés à l'éducation de nos compatriotes et rend de véritables services au pays. Si vous voulez être un de nos membres correspondants, monsieur Lidenbrock, vous nous ferez le plus grand plaisir. »

Mon oncle, qui appartenait déjà à une centaine de sociétés scientifiques, accepta avec une bonne grâce dont fut touché M. Fridriksson.

« Maintenant, reprit celui-ci, veuillez m'indiquer les livres que vous espériez trouver à notre bibliothèque, et je pourrai peut-être vous renseigner à leur égard. »

Je regardai mon oncle. Il hésita à répondre. Cela touchait directement à ses projets. Cependant, après avoir réfléchi, il se décida à parler.

« Monsieur Fridriksson, dit-il, je voulais savoir si, parmi les ouvrages anciens, vous possédiez ceux d'Arne Saknussemm ?

— Arne Saknussemm ! répondit le professeur de Reykjawik ; vous voulez parler de ce savant du seizième siècle, à la fois grand naturaliste, grand alchimiste et grand voyageur ?

— Précisément.

— Une des gloires de la littérature et de la science islandaises ?

— Comme vous dites.

— Un homme illustre entre tous ?

— Je vous l'accorde.

— Et dont l'audace égalait le génie ?

— Je vois que vous le connaissez bien. »

Mon oncle nageait dans la joie à entendre parler ainsi de son héros. Il dévorait des yeux M. Fridriksson.

« Eh bien ! demanda-t-il, ses ouvrages ?
— Ah ! ses ouvrages, nous ne les avons pas !
— Quoi ! en Islande ?
— Ils n'existent ni en Islande ni ailleurs.
— Et pourquoi ?
— Parce que Arne Saknussemm fut persécuté pour cause d'hérésie, et qu'en 1573 ses ouvrages furent brûlés à Copenhague par la main du bourreau.
— Très bien ! Parfait ! s'écria mon oncle, au grand scandale du professeur de sciences naturelles.
— Hein ? fit ce dernier.
— Oui ! tout s'explique, tout s'enchaîne, tout est clair, et je comprends pourquoi Saknussemm, mis à l'index et forcé de cacher les découvertes de son génie, a dû enfouir dans un incompréhensible cryptogramme le secret...
— Quel secret ? demanda vivement M. Fridriksson.
— Un secret qui... dont..., répondit mon oncle en balbutiant.
— Est-ce que vous auriez quelque document particulier ? reprit notre hôte.
— Non... Je faisais une pure supposition.
— Bien, répondit M. Fridriksson, qui eut la bonté de ne pas insister en voyant le trouble de

son interlocuteur. J'espère, ajouta-t-il, que vous ne quitterez pas notre île sans avoir puisé à ses richesses minéralogiques?

— Certes, répondit mon oncle; mais j'arrive un peu tard; des savants ont déjà passé par ici?

— Oui, monsieur Lidenbrock; les travaux de MM. Olafsen et Povelson exécutés par ordre du roi, les études de Troïl, la mission scientifique de MM. Gaimard et Robert, à bord de la corvette française *la Recherche* [1], et dernièrement, les observations des savants embarqués sur la frégate *la Reine-Hortense*, ont puissamment contribué à la reconnaissance de l'Islande. Mais, croyez-moi, il y a encore à faire.

— Vous pensez? demanda mon oncle d'un air bonhomme, en essayant de modérer l'éclair de ses yeux.

— Oui. Que de montagnes, de glaciers, de volcans à étudier, qui sont peu connus! Et tenez, sans aller plus loin, voyez ce mont qui s'élève à l'horizon; c'est le Sneffels.

— Ah! fit mon oncle, le Sneffels.

— Oui, l'un des volcans les plus curieux et dont on visite rarement le cratère.

— Éteint?

---

1. *La Recherche* fut envoyée en 1835 par l'amiral Duperré pour retrouver les traces d'une expédition perdue, celle de M. de Blosseville et de *la Lilloise*, dont on n'a jamais eu de nouvelles.

— Oh! éteint depuis cinq cents ans.

— Eh bien! répondit mon oncle, qui se croisait frénétiquement les jambes pour ne pas sauter en l'air, j'ai envie de commencer mes études géologiques par ce Seffel... Fessel... comment dites-vous?

— Sneffels, reprit l'excellent M. Fridriksson. »

Cette partie de la conversation avait eu lieu en latin; j'avais tout compris, et je gardais à peine mon sérieux à voir mon oncle contenir sa satisfaction qui débordait de toutes parts; il prenait un petit air innocent qui ressemblait à la grimace d'un vieux diable.

« Oui, fit-il, vos paroles me décident; nous essayerons de gravir ce Sneffels, peut-être même d'étudier son cratère!

— Je regrette bien, répondit M. Fridriksson, que mes occupations ne me permettent pas de m'absenter; je vous aurais accompagné avec plaisir et profit.

— Oh! non, oh! non, répondit vivement mon oncle; nous ne voulons déranger personne, monsieur Fridriksson; je vous remercie de tout mon cœur. La présence d'un savant tel que vous eût été très utile, mais les devoirs de votre profession... »

J'aime à penser que notre hôte, dans l'innocence de son âme islandaise, ne comprit pas les grosses malices de mon oncle.

« Je vous approuve fort, monsieur Lidenbrock, dit-il, de commencer par ce volcan ; vous ferez là une ample moisson d'observations curieuses. Mais, dites-moi, comment comptez-vous gagner la presqu'île de Sneffels!

— Par mer, en traversant la baie. C'est la route la plus rapide.

— Sans doute; mais elle est impossible à prendre.

— Pourquoi?

— Parce que nous n'avons pas un seul canot à Reykjawik.

— Diable!

— Il faudra aller par terre, en suivant la côte. Ce sera plus long, mais plus intéressant.

— Bon. Je verrai à me procurer un guide.

— J'en ai précisément un à vous offrir.

— Un homme sûr, intelligent?

— Oui, un habitant de la presqu'île. C'est un chasseur d'eider, fort habile, et dont vous serez content. Il parle parfaitement le danois.

— Et quand pourrai-je le voir?

— Demain, si cela vous plaît.

— Pourquoi pas aujourd'hui?

— C'est qu'il n'arrive que demain.

— A demain donc, » répondit mon oncle avec un soupir.

Cette importante conversation se termina quelques instants plus tard par de chaleureux remerciments du professeur allemand au professeur islandais. Pendant ce diner, mon oncle venait d'apprendre des choses importantes, entre autres l'histoire de Saknussemm, la raison de son document mystérieux, comme quoi son hôte ne l'accompagnerait pas dans son expédition, et que dès le lendemain un guide serait à ses ordres.

XI

Le soir, je fis une courte promenade sur les rivages de Reykjawik, et je revins de bonne heure me coucher dans mon lit de grosses planches, où je dormis d'un profond sommeil.

Quand je me réveillai, j'entendis mon oncle parler abondamment dans la salle voisine. Je me levai aussitôt et je me hâtai d'aller le rejoindre.

Il causait en danois avec un homme de haute taille, vigoureusement découplé. Ce grand gaillard devait être d'une force peu commune. Ses yeux, percés dans une tête très grosse et assez naïve, me parurent intelligents. Ils étaient d'un bleu rêveur. De longs cheveux, qui eussent passé pour roux, même en Angleterre, tombaient sur ses athlétiques épaules. Cet indigène avait les mouvements souples, mais il remuait peu les bras, en homme qui ignorait ou dédaignait la langue des gestes. Tout en lui révélait un tempérament d'un calme parfait, non pas indolent, mais tranquille. On sentait qu'il ne demandait rien à personne, qu'il travaillait à sa convenance, et que, dans ce monde, sa philosophie ne pouvait être ni étonnée ni troublée.

Je surpris les nuances de ce caractère, à la manière dont l'Islandais écouta le verbiage passionné de son interlocuteur. Il demeurait les bras croisés, immobile au milieu des gestes multipliés de mon oncle; pour nier, sa tête tournait de gauche à droite; elle s'inclinait pour affirmer, et cela si peu, que ses longs cheveux bougeaient à peine; c'était l'économie du mouvement poussée jusqu'à l'avarice.

Certes, à voir cet homme, je n'aurais jamais deviné sa profession de chasseur; celui-là ne devait pas effrayer le gibier, à coup sûr, mais comment pouvait-il l'atteindre?

Tout s'expliqua quand M. Fridriksson m'apprit que ce tranquille personnage n'était qu'un « chasseur d'eider », oiseau dont le duvet constitue la plus grande richesse de l'île. En effet, ce duvet s'appelle l'édredon, et il ne faut pas une grande dépense de mouvement pour le recueillir.

Aux premiers jours de l'été, la femelle de l'eider, sorte de joli canard, va bâtir son nid parmi les rochers des fjörds [1] dont la côte est toute fran-

[1]. Nom donné aux golfes étroits dans les pays scandinaves.

gée; ce nid bâti, elle le tapisse avec de fines plumes qu'elle s'arrache du ventre. Aussitôt le chasseur, ou mieux le négociant, arrive, prend le nid, et la femelle de recommencer son travail; cela dure ainsi tant qu'il lui reste quelque duvet. Quand elle s'est entièrement dépouillée, c'est au mâle de se déplumer à son tour. Seulement, comme la dépouille dure et grossière de ce dernier n'a aucune valeur commerciale, le chasseur ne prend pas la peine de lui voler le lit de sa couvée; le nid s'achève donc; la femelle pond ses œufs; les petits éclosent, et, l'année suivante, la récolte de l'édredon recommence.

Or, comme l'eider ne choisit pas les rocs escarpés pour y bâtir son nid, mais plutôt ces roches faciles et horizontales qui vont se perdre en mer, le chasseur islandais pouvait exercer son métier sans grande agitation. C'était un fermier qui n'avait ni à semer ni à couper sa moisson, mais à la récolter seulement.

Ce personnage grave, flegmatique et silencieux, se nommait Hans Bjelke; il venait à la recommandation de M. Fridriksson. C'était notre futur guide.

Ses manières contrastaient singulièrement avec celles de mon oncle.

Cependant ils s'entendirent facilement. Ni l'un ni l'autre ne regardaient au prix; l'un prêt à accepter ce qu'on lui offrait, l'autre prêt à donner ce qui lui serait demandé. Jamais marché ne fut plus facile à conclure.

Or, des conventions il résulta que Hans s'engageait à nous conduire au village de Stapi, situé sur la côte méridionale de la presqu'île du Sneffels, au pied même du volcan. Il fallait compter par terre vingt-deux milles environ, voyage à faire en deux jours, suivant l'opinion de mon oncle.

Mais quand il apprit qu'il s'agissait de milles danois de vingt-quatre mille pieds, il dut rabattre de son calcul et compter, vu l'insuffisance des chemins, sur sept ou huit jours de marche.

Quatre chevaux devaient être mis à sa disposition, deux pour le porter, lui et moi, deux autres destinés à nos bagages. Hans, suivant son habitude, irait à pied. Il connaissait parfaitement cette partie de la côte, et il promit de prendre par le plus court.

Son engagement avec mon oncle n'expirait pas à notre arrivée à Stapi ; il demeurait à son service pendant tout le temps nécessaire à nos excursions scientifiques au prix de trois rixdales par semaine [1]. Seulement, il fut expressément convenu que cette somme serait comptée au guide chaque samedi soir, condition *sine qua non* de son engagement.

1. 16 fr. 98 c.

Le départ fut fixé au 16 juin. Mon oncle voulut remettre au chasseur les arrhes du marché, mais celui-ci refusa d'un seul mot.

« Efter, » fit-il.

Après, » me dit le professeur pour mon édification.

Hans, le traité conclu, se retira tout d'une pièce.

« Un fameux homme, s'écria mon oncle, mais il ne s'attend guère au merveilleux rôle que l'avenir lui réserve de jouer.

— Il nous accompagne donc jusqu'au...

— Oui, Axel, jusqu'au centre de la terre. »

Quarante-huit heures restaient encore à passer ; à mon grand regret, je dus les employer à nos préparatifs ; toute notre intelligence fut employée à disposer chaque objet de la façon la plus avantageuse, les instruments d'un côté, les armes d'un autre, les outils dans ce paquet, les vivres dans celui-là. En tout quatre groupes.

Les instruments comprenaient :

1° Un thermomètre centigrade de Eigel, gradué jusqu'à cent cinquante degrés, ce qui me paraissait trop ou pas assez. Trop, si la chaleur ambiante devait monter là, auquel cas nous aurions cuit. Pas assez, s'il s'agissait de mesurer la température de sources ou toute autre matière en fusion.

2° Un manomètre à air comprimé, disposé de

manière à indiquer des pressions supérieures à celles de l'atmosphère au niveau de l'Océan. En effet, le baromètre ordinaire n'eût pas suffi, la pression atmosphérique devant augmenter proportionnellement à notre descente au-dessous de la surface de la terre.

3° Un chronomètre de Boissonnas jeune de Genève, parfaitement réglé au méridien de Hambourg.

4° Deux boussoles d'inclinaison et de déclinaison.

5° Une lunette de nuit.

6° Deux appareils de Ruhmkorff, qui, au moyen d'un courant électrique, donnaient une lumière très portative, sûre et peu encombrante [1].

---

[1]. L'appareil de M. Ruhmkorff consiste en une pile de Bunsen, mise en activité au moyen du bichromate de potasse qui ne donne aucune odeur. Une bobine d'induction met l'électricité produite par la pile en communication avec une lanterne d'une disposition particulière; dans cette lanterne se trouve un serpentin de verre où le vide a été fait, et dans lequel reste seulement un résidu de gaz carbonique ou d'azote. Quand l'appareil fonctionne, ce gaz devient lumineux en produisant une lumière blanchâtre et continue. La pile et la bobine sont placées dans un sac de cuir que le voyageur porte en bandoulière. La lanterne, placée extérieurement, éclaire très suffisamment dans les profondes obscurités; elle permet de s'aventurer, sans craindre aucune explosion, au milieu des gaz les plus inflammables, et ne s'éteint pas même au sein des plus profonds cours d'eau. M. Ruhmkorff est un savant et habile physicien. Sa grande découverte, c'est sa bobine d'induction qui permet de produire de l'électricité à haute

Les armes consistaient en deux carabines de Purdley More et C°, et de deux revolvers Colt. Pourquoi des armes? Nous n'avions ni sauvages ni bêtes féroces à redouter, je suppose. Mais mon oncle paraissait tenir à son arsenal comme à ses instruments, surtout à une notable quantité de fulmi-coton inaltérable à l'humidité, et dont la force expansive est fort supérieure à celle de la poudre ordinaire.

Les outils comprenaient deux pics, deux pioches, une échelle de soie, trois bâtons ferrés, une hache, un marteau, une douzaine de coins et pitons de fer, et de longues cordes à nœuds. Cela ne laissait pas de faire un fort colis, car l'échelle mesurait trois cents pieds de longueur.

Enfin, il y avait les provisions; le paquet n'était pas gros, mais rassurant, car je savais qu'on viande concentrée et en biscuits secs il contenait pour six mois de vivres. Le genièvre en formait toute la partie liquide, et l'eau manquait totalement; mais nous avions des gourdes, et mon oncle comptait sur les sources pour les remplir; les objections que j'avais pu faire sur leur qualité, leur température, et même leur absence, étaient restées sans succès.

Pour compléter la nomenclature exacte de nos

tension. Il a obtenu, en 1864, le prix quinquennal de 50,000 fr. que la France réservait à la plus ingénieuse application de l'électricité.

articles de voyage, je noterai une pharmacie portative contenant des ciseaux à lames mousses, des attelles pour fracture, une pièce de ruban en fil écru, des bandes et compresses, du sparadrap, une palette pour saignée, toutes choses effrayantes ; de plus, une série de flacons contenant de la dextrine, de l'alcool vulnéraire, de l'acétate de plomb liquide, de l'éther, du vinaigre et de l'ammoniaque, toutes drogues d'un emploi peu rassurant ; enfin les matières nécessaires aux appareils de Ruhmkorff.

Mon oncle n'avait eu garde d'oublier la provision de tabac, de poudre de chasse et d'amadou, non plus qu'une ceinture de cuir qu'il portait autour des reins et où se trouvait une suffisante quantité de monnaie d'or, d'argent et de papier. De bonnes chaussures, rendues imperméables par un enduit de goudron et de gomme élastique, se trouvaient au nombre de six paires dans le groupe des outils.

« Ainsi vêtus, chaussés, équipés, il n'y a aucune raison pour ne pas aller loin, » me dit mon oncle.

La journée du 14 fut employée tout entière à disposer ces différents objets. Le soir, nous dînâmes chez le baron Trampe, en compagnie du maire de Reykjawik et du docteur Hyaltalin, le grand médecin du pays. M. Fridriksson n'était pas au nombre des convives ; j'appris plus tard que le gouverneur et lui se trouvaient en désaccord sur une question d'administration et ne se voyaient pas. Je n'eus donc pas l'occasion de comprendre un mot de ce qui se dit pendant ce dîner semi-officiel. Je remarquai seulement que mon oncle parla tout le temps.

Le lendemain 15, les préparatifs furent achevés. Notre hôte fit un sensible plaisir au professeur en lui remettant une carte de l'Islande, incomparablement plus parfaite que celle d'Henderson, la carte de M. Olaf Nikolas Olsen, réduite au $\frac{1}{480000}$, et publiée par la Société littéraire islandaise, d'après les travaux géodésiques de M. Scheel Frisac, et le levé topographique de M. Bjorn Gumlaugssonn. C'était un précieux document pour un minéralogiste.

La dernière soirée se passa dans une intime causerie avec M. Fridrikssonn, pour lequel je me sentais pris d'une vive sympathie; puis, à la conversation succéda un sommeil assez agité, de ma part du moins.

A cinq heures du matin, le hennissement de quatre chevaux qui piaffaient sous ma fenêtre me réveilla. Je m'habillai à la hâte et je descendis dans la rue. Là, Hans achevait de charger nos bagages sans se remuer, pour ainsi dire. Cependant il opérait avec une adresse peu commune. Mon oncle faisait plus de bruit que de besogne, et le guide paraissait se soucier fort peu de ses recommandations.

Tout fut terminé à six heures. M. Fridriksson nous serra les mains. Mon oncle le remercia en islandais de sa bienveillante hospitalité, et avec beaucoup de cœur. Quant à moi, j'ébauchai dans mon meilleur latin quelque salut cordial; puis nous nous mîmes en selle, et M. Fridriksson me lança avec son dernier adieu ce vers que Virgile semblait avoir fait pour nous, voyageurs incertains de la route :

Et quacunque viam dederit fortuna séquamur.

XII

Nous étions partis par un temps couvert, mais fixe. Pas de fatigantes chaleurs à redouter, ni pluies désastreuses. Un temps de touristes.

Le plaisir de courir à cheval à travers un pays inconnu me rendait de facile composition sur le début de l'entreprise. J'étais tout entier au bonheur de l'excursionniste fait de désirs et de liberté. Je commençais à prendre mon parti de l'affaire.

« D'ailleurs, me disais-je, qu'est-ce que je risque? de voyager au milieu du pays le plus curieux! de gravir une montagne fort remarquable! au pis-aller de descendre au fond d'un cratère éteint? Il est bien évident que ce Saknussemm n'a pas fait autre chose. Quant à l'existence d'une galerie qui aboutisse au centre du globe, pure imagination! pure impossibilité! Donc, ce qu'il y a de bon à prendre de cette expédition, prenons-le, et sans marchander! »

Ce raisonnement à peine achevé, nous avions quitté Reykjawik.

Hans marchait en tête, d'un pas rapide, égal et continu. Les deux chevaux chargés de nos bagages le suivaient, sans qu'il fût nécessaire de les diriger. Mon oncle et moi, nous venions ensuite, et vraiment sans faire trop mauvaise figure sur nos bêtes petites, mais vigoureuses.

L'Islande est une des grandes îles de l'Europe; elle mesure quatorze cents milles de surface, et ne compte que soixante mille habitants. Les géographes l'ont divisée en quatre quartiers, et nous avions à traverser presque obliquement celui qui porte le nom de Pays du quart du Sud-Ouest, « Sudvestr Fjordùngr. »

Hans, en laissant Reykjawik, avait immédiatement suivi les bords de la mer; nous traversions de maigres pâturages qui se donnaient bien du mal pour être verts; le jaune réussissait mieux. Les sommets rugueux des masses trachytiques s'estompaient à l'horizon dans les brumes de l'est; par moments, quelques plaques de neige, concentrant la lumière diffuse, resplendissaient sur le versant des cimes éloignées ; certains pics, plus hardiment dressés, trouaient les nuages gris et réapparaissaient au-dessus des vapeurs mouvantes, semblables à des écueils émergés en plein ciel.

Souvent ces chaînes de rocs arides faisaient une pointe vers la mer et mordaient sur le pâturage ; mais il restait toujours une place suffisante pour passer. Nos chevaux, d'ailleurs, choisissaient d'instinct les endroits propices sans jamais ralentir leur marche. Mon oncle n'avait pas même la consolation d'exciter sa monture de la voix ou du fouet ; il ne lui était pas permis d'être impatient. Je ne pouvais m'empêcher de sourire en le voyant si grand sur son petit cheval, et, comme ses longues jambes rasaient le sol, il ressemblait à un centaure à six pieds.

« Bonne bête ! bonne bête ! disait-il. Tu verras, Axel, que pas un animal ne l'emporte en intelligence sur le cheval islandais ; neiges, tempêtes, chemins impraticables, rochers, glaciers, rien ne l'arrête. Il est brave, il est sobre, il est sûr. Jamais un faux pas, jamais une réaction. Qu'il se présente quelque rivière, quelque fjörd à traverser, et il s'en présentera, tu le verras sans hésiter se jeter à l'eau, comme un amphibie, et gagner le bord opposé ! Mais ne le brusquons pas, laissons-le agir, et nous ferons, l'un portant l'autre, nos dix lieues par jour.

— Nous, sans doute, répondis-je, mais le guide?

— Oh! il ne m'inquiète guère. Ces gens-là, cela marche sans s'en apercevoir; celui-ci se remue si peu qu'il ne doit pas se fatiguer. D'ailleurs, au besoin, je lui céderai ma monture. Les crampes me prendraient bientôt, si je ne me donnais pas quelque mouvement. Les bras vont bien, mais il faut songer aux jambes. »

Cependant nous avancions d'un pas rapide; le pays était déjà à peu près désert. Çà et là une ferme isolée, quelque boër[1] solitaire, fait de bois, de terre, de morceaux de lave, apparaissait comme un mendiant au bord d'un chemin creux. Ces huttes délabrées avaient l'air d'implorer la charité des passants, et, pour un peu, on leur eût fait l'aumône. Dans ce pays, les routes, les sentiers même manquaient absolument, et la végétation, si lente qu'elle fût, avait vite fait d'effacer le pas des rares voyageurs.

Pourtant cette partie de la province, située à deux pas de sa capitale, comptait parmi les portions habitées et cultivées de l'Islande. Qu'étaient alors les contrées plus désertes que ce désert? Un demi-mille franchi, nous n'avions encore rencontré ni un fermier sur la porte de sa chaumière, ni un berger sauvage paissant un troupeau

1. Maison du paysan islandais.

moins sauvage que lui; seulement quelques vaches et des moutons abandonnés à eux-mêmes. Que seraient donc les régions convulsionnées, bouleversées par les phénomènes éruptifs, nées des explosions volcaniques et des commotions souterraines?

Nous étions destinés à les connaître plus tard; mais, en consultant la carte d'Olsen, je vis qu'on les évitait en longeant la sinueuse lisière du rivage; en effet, le grand mouvement plutonique s'est concentré surtout à l'intérieur de l'île; là les couches horizontales de roches superposées, appelées trapps en langue scandinave, les bandes trachytiques, les éruptions de basalte, de tufs et de tous les conglomérats volcaniques, les coulées de lave et de porphyre en fusion, ont fait un pays d'une surnaturelle horreur. Je ne me doutais guère alors du spectacle qui nous attendait à la presqu'île du Sneffels, où ces dégâts d'une nature fougueuse forment un formidable chaos.

Deux heures après avoir quitté Reykjawik, nous arrivions au bourg de Gufunes, appelé « Aoalkirkja » ou Église principale. Il n'offrait rien de remarquable. Quelques maisons seulement. A peine de quoi faire un hameau de l'Allemagne.

Hans s'y arrêta une demi-heure; il partagea notre frugal déjeuner, répondit par oui et par non aux questions de mon oncle sur la nature de la route, et lorsqu'on lui demanda en quel endroit il comptait passer la nuit :

« Gardär, » dit-il seulement.

Je consultai la carte pour savoir ce qu'était Gardär. Je vis une bourgade de ce nom sur les bords du Hvaljörd, à quatre milles de Reykjawik. Je la montrai à mon oncle.

« Quatre milles seulement ! dit-il. Quatre milles sur vingt-deux ! Voilà une jolie promenade. »

Il voulut faire une observation au guide, qui, sans lui répondre, reprit la tête des chevaux et se remit en marche.

Trois heures plus tard, toujours en foulant le gazon décoloré des pâturages, il fallut contourner le Kollafjörd, détour plus facile et moins long qu'une traversée de ce golfe ; bientôt nous entrions dans un « pingstacer », lieu de juridiction communale, nommé Ejulberg, et dont le clocher eût sonné midi, si les églises islandaises avaient été assez riches pour posséder une horloge ; mais elles ressemblent fort à leurs paroissiens, qui n'ont pas de montres, et qui s'en passent.

Là les chevaux furent rafraîchis ; puis, prenant par un rivage resserré entre une chaîne de collines et la mer, ils nous portèrent d'une traite à l' « aoalkirkja » de Brantar, et un mille plus loin à Saurböer « annexia », église annexe, située sur la rive méridionale du Hvalfjörd.

Il était alors quatre heures du soir; nous avions franchi quatre milles [1].

Le fjörd était large en cet endroit d'un demi-mille au moins; les vagues déferlaient avec bruit sur les rocs aigus; ce golfe s'évasait entre des murailles de rochers, sorte d'escarpe à pic haute de trois mille pieds et remarquable par ses couches brunes que séparaient des lits de tuf d'une nuance rougeâtre. Quelle que fût l'intelligence de nos chevaux, je n'augurais pas bien de la traversée d'un véritable bras de mer opérée sur le dos d'un quadrupède.

« S'ils sont intelligents, dis-je, ils n'essayeront point de passer. En tout cas, je me charge d'être intelligent pour eux. »

Mais mon oncle ne voulait pas attendre; il piqua des deux vers le rivage. Sa monture vint flairer la dernière ondulation des vagues et s'arrêta; mon oncle, qui avait son instinct à lui, la pressa d'avancer. Nouveau refus de l'animal, qui secoua la tête. Alors jurons et coups de fouet, mais ruades de la bête, qui commença à désarçonner son cavalier; enfin le petit cheval, ployant ses jarrets, se retira des jambes du professeur et le laissa tout droit planté sur deux pierres du rivage, comme le colosse de Rhodes.

« Ah! maudit animal! s'écria le cavalier, subi-

---

1. Huit lieues.

tement transformé en piéton et honteux comme un officier de cavalerie qui passerait fantassin.

— « Farja, » fit le guide en lui touchant l'épaule.

— Quoi ! un bac ?

— « Der, » répondit Hans en montrant un bateau.

— Oui, m'écriai-je, il y a un bac.

— Il fallait donc le dire ! Eh bien, en route !

— « Tidvatten, » reprit le guide.

— Que dit-il ?

— Il dit marée, répondit mon oncle en me traduisant le mot danois.

— Sans doute, il faut attendre la marée ?

— « Förbida ? » demanda mon oncle.

— « Ja, » répondit Hans.

Mon oncle frappa du pied, tandis que les chevaux se dirigeaient vers le bac.

Je compris parfaitement la nécessité d'attendre un certain instant de la marée pour entreprendre la traversée du fjörd, celui où la mer, arrivée à sa plus grande hauteur, est étale. Alors le flux et le reflux n'ont aucune action sensible, et le bac ne risque pas d'être entraîné, soit au fond du golfe, soit en plein Océan.

L'instant favorable n'arriva qu'à six heures du soir ; mon oncle, moi, le guide, deux passeurs et les quatre chevaux, nous avions pris place dans une sorte de barque plate assez fragile. Habitué que j'étais aux bacs à vapeur de l'Elbe, je trouvai les rames des bateliers un triste engin mécanique. Il fallut plus d'une heure pour traverser le fjörd; mais enfin le passage se fit sans accident.

Une demi-heure après, nous atteignions l' « aoalkirkja » de Gardär.

XIII

Il aurait dû faire nuit, mais sous le soixante cinquième parallèle, la clarté diurne des régions polaires ne devait pas m'étonner; en Islande, pendant les mois de juin et juillet, le soleil ne se couche pas.

Néanmoins la température s'était abaissée; j'avais froid, et surtout faim. Bienvenu fut le « böer » qui s'ouvrit hospitalièrement pour nous recevoir.

C'était la maison d'un paysan, mais, en fait d'hospitalité, elle valait celle d'un roi. A notre arrivée, le maître vint nous tendre la main, et, sans plus de cérémonie, il nous fit signe de le suivre.

Le suivre, en effet, car l'accompagner eût été impossible. Un passage long, étroit, obscur, donnait accès dans cette habitation construite en poutres à peine équarries et permettait d'arriver à chacune des chambres ; celles-ci étaient au nombre de quatre : la cuisine, l'atelier de tissage, la « badstofa », chambre à coucher de la famille, et, la meilleure entre toutes, la chambre des étrangers. Mon oncle, à la taille duquel on n'avait pas songé en bâtissant la maison, ne manqua pas de donner trois ou quatre fois de la tête contre les saillies du plafond.

On nous introduisit dans notre chambre, sorte de grande salle avec un sol de terre battue et éclairée d'une fenêtre dont les vitres étaient faites de membranes de mouton assez peu transparentes. La literie se composait de fourrage sec jeté dans deux cadres de bois peints en rouge et ornés de sentences islandaises. Je ne m'attendais pas à ce confortable ; seulement, il régnait dans cette maison une forte odeur de poisson sec, de viande macérée et de lait aigre dont mon odorat se trouvait assez mal.

Lorsque nous eûmes mis de côté notre harnachement de voyageurs, la voix de l'hôte se fit entendre, qui nous conviait à passer dans la cuisine, seule pièce où l'on fit du feu, même par les plus grands froids.

Mon oncle se hâta d'obéir à cette amicale injonction. Je le suivis.

La cheminée de la cuisine était d'un modèle

antique; au milieu de la chambre, une pierre pour tout foyer; au toit, un trou par lequel s'échappait la fumée. Cette cuisine servait aussi de salle à manger.

A notre entrée, l'hôte, comme s'il ne nous avait pas encore vus, nous salua du mot « sællvertu, » qui signifie « soyez heureux », et il vint nous baiser sur la joue.

Sa femme, après lui, prononça les mêmes paroles, accompagnées du même cérémonial; puis les deux époux, plaçant la main droite sur leur cœur, s'inclinèrent profondément.

Je me hâte de dire que l'Islandaise était mère de dix-neuf enfants, tous, grands et petits, grouillant pêle-mêle au milieu des volutes de fumée dont le foyer remplissait la chambre. A chaque instant j'apercevais une petite tête blonde et un peu mélancolique sortir de ce brouillard. On eût dit une guirlande d'anges insuffisamment débarbouillés.

Mon oncle et moi, nous fîmes très bon accueil à cette « couvée », et bientôt il y eut trois ou quatre de ces marmots sur nos épaules, autant sur nos genoux et le reste entre nos jambes. Ceux qui parlaient répétaient « sællvertu » dans tous les tons imaginables. Ceux qui ne parlaient pas n'en criaient que mieux.

Ce concert fut interrompu par l'annonce du repas. En ce moment rentra le chasseur, qui venait de pourvoir à la nourriture des chevaux, c'est-à-dire qu'il les avait économiquement lâchés à travers champs ; les pauvres bêtes devaient se contenter de brouter la mousse rare des rochers, quelques fucus peu nourrissants, et le lendemain elles ne manqueraient pas de venir d'elles-mêmes reprendre le travail de la veille.

« Saellvertu, » fit Hans en entrant.

Puis tranquillement, automatiquement, sans qu'un baiser fût plus accentué que l'autre, il embrassa l'hôte, l'hôtesse et leurs dix-neuf enfants.

La cérémonie terminée, on se mit à table, au nombre de vingt-quatre, et par conséquent les uns sur les autres, dans le véritable sens de l'expression. Les plus favorisés n'avaient que deux marmots sur les genoux.

Cependant le silence se fit dans ce petit monde à l'arrivée de la soupe, et la taciturnité naturelle, même aux gamins islandais, reprit son empire. L'hôte nous servit une soupe au lichen et point désagréable, puis une énorme portion de poisson sec nageant dans du beurre aigri depuis vingt ans, et par conséquent bien préférable au beurre frais, d'après les idées gastronomiques de l'Islande. Il y avait avec cela du « skyr », sorte de lait caillé, accompagné de biscuit et relevé par du jus de baies de genièvre ; enfin, pour boisson, du petit lait mêlé d'eau, nommé « blanda » dans le pays. Si cette singulière nourriture était bonne ou non, c'est ce dont je ne pus juger. J'avais faim, et, au dessert, j'avalai jusqu'à la dernière bouchée une épaisse bouillie de sarrasin.

Le repas terminé, les enfants disparurent; les grandes personnes entourèrent le foyer où brûlaient de la tourbe, des bruyères, du fumier de vache et des os de poissons desséchés. Puis, après cette « prise de chaleur », les divers groupes regagnèrent leurs chambres respectives. L'hôtesse offrit de nous retirer, suivant la coutume, nos bas et nos pantalons; mais, sur un refus des plus gracieux de notre part, elle n'insista pas, et je pus enfin me blottir dans ma couche de fourrage.

Le lendemain, à cinq heures, nous faisions nos adieux au paysan islandais; mon oncle eut beaucoup de peine à lui faire accepter une rémunération convenable, et Hans donna le signal du départ.

A cent pas de Gardär, le terrain commença à changer d'aspect; le sol devint marécageux et moins favorable à la marche. Sur la droite, la série des montagnes se prolongeait indéfiniment comme un immense système de fortifications naturelles, dont nous suivions la contrescarpe; souvent des ruisseaux se présentaient à franchir qu'il fallait nécessairement passer à gué et sans trop mouiller les bagages.

Le désert se faisait de plus en plus profond; quelquefois, cependant, une ombre humaine semblait fuir au loin; si les détours de la route nous rapprochaient inopinément de l'un de ces spectres, j'éprouvais un dégoût soudain à la vue d'une tête gonflée, à peau luisante, dépourvue de cheveux, et de plaies repoussantes que trahissaient les déchirures de misérables haillons.

La malheureuse créature ne venait pas tendre sa main déformée ; elle se sauvait, au contraire, mais pas si vite que Hans ne l'eût saluée du « sællvertu » habituel.

— « Spetelsk, » disait-il.

— Un lépreux ! » répétait mon oncle.

Et ce mot seul produisait son effet répulsif. Cette horrible affection de la lèpre est assez commune en Islande ; elle n'est pas contagieuse, mais héréditaire ; aussi le mariage est-il interdit à ces misérables.

Ces apparitions n'étaient pas de nature à égayer le paysage qui devenait profondément triste ; les dernières touffes d'herbes venaient mourir sous nos pieds. Pas un arbre, si ce n'est quelques bouquets de bouleaux nains semblables à des broussailles. Pas un animal, sinon quelques chevaux, de ceux que leur maître ne pouvait nourrir, et qui erraient sur les mornes plaines. Parfois un faucon planait dans les nuages gris et s'enfuyait à tire-d'aile vers les contrées du sud ; je me laissais aller à la mélancolie de cette nature sauvage, et mes souvenirs me ramenaient à mon pays natal.

Il fallut bientôt traverser plusieurs petits fjörds sans importance, et enfin un véritable golfe; la marée, étale alors, nous permit de passer sans attendre et de gagner le hameau d'Alftanes, situé un mille au delà.

Le soir, après avoir coupé à gué deux rivières riches en truites et en brochets, l'Alfa et l'Heta, nous fûmes obligés de passer la nuit dans une masure abandonnée, digne d'être hantée par tous les lutins de la mythologie scandinave; à coup sûr le génie du froid y avait élu domicile, et il fit des siennes pendant toute la nuit.

La journée suivante ne présenta aucun incident particulier. Toujours même sol marécageux, même uniformité, même physionomie triste. Le soir, nous avions franchi la moitié de la distance à parcourir, et nous couchions à « l'annexia » de Krösolbt.

Le 19 juin, pendant un mille environ, un terrain de lave s'étendit sous nos pieds; cette disposition du sol est appelée « hraun » dans le pays; la lave ridée à la surface affectait des formes de câbles tantôt allongés, tantôt roulés sur eux-mêmes; une immense coulée descendait des montagnes voisines, volcans actuellement éteints, mais dont ces débris attestaient la violence passée. Cependant quelques fumées de source chaudes rampaient çà et là.

Le temps nous manquait pour observer ces

phénomènes ; il fallait marcher ; bientôt le sol marécageux reparut sous le pied de nos montures ; de petits lacs l'entrecoupaient. Notre direction était alors à l'ouest ; nous avions en effet tourné la grande baie de Faxa, et la double cime blanche du Sneffels se dressait dans les nuages à moins de cinq milles.

Les chevaux marchaient bien ; les difficultés du sol ne les arrêtaient pas ; pour mon compte, je commençais à devenir très fatigué ; mon oncle demeurait ferme et droit comme au premier jour ; je ne pouvais m'empêcher de l'admirer à l'égal du chasseur, qui regardait cette expédition comme une simple promenade.

Le samedi 20 juin, à six heures du soir, nous atteignions Büdir, bourgade située sur le bord de la mer, et le guide réclamait sa paye convenue. Mon oncle régla avec lui. Ce fut la famille même de Hans, c'est-à-dire ses oncles et cousins germains, qui nous offrit l'hospitalité ; nous fûmes bien reçus, et sans abuser des bontés de ces braves gens, je me serais volontiers refait chez eux des fatigues du voyage. Mais mon oncle, qui n'avait rien à refaire, ne l'entendait pas ainsi, et le lendemain il fallut enfourcher de nouveau nos bonnes bêtes.

Le sol se ressentait du voisinage de la montagne dont les racines de granit sortaient de terre, comme celles d'un vieux chêne. Nous contournions l'immense base du volcan. Le professeur ne le perdait pas des yeux ; il gesticulait, il semblait le prendre au défi et dire : « Voilà donc le géant que je vais dompter ! » Enfin, après vingt-quatre heures de marche, les chevaux s'arrêtèrent d'eux-mêmes à la porte du presbytère de Stapi.

XIV

Stapi est une bourgade formée d'une trentaine de huttes, et bâtie en pleine lave sous les rayons du soleil réfléchis par le volcan. Elle s'étend au fond d'un petit fjörd encaissé dans une muraille du plus étrange effet.

On sait que le basalte est une roche brune d'origine ignée ; elle affecte des formes régulières qui surprennent par leur disposition. Ici la nature procède géométriquement et travaille à la manière humaine, comme si elle eût manié l'équerre, le compas et le fil à plomb. Si partout ailleurs elle fait de l'art avec ses grandes masses jetées sans ordre, ses cônes à peine ébauchés, ses pyramides imparfaites, avec la bizarre succession de ses lignes, ici, voulant donner l'exemple de la régularité, et précédant les architectes des

8

premiers âges, elle a créé un ordre sévère, que ni les splendeurs de Babylone ni les merveilles de la Grèce n'ont jamais dépassé.

J'avais bien entendu parler de la Chaussée des Géants en Irlande, et de la Grotte de Fingal dans l'une des Hébrides, mais le spectacle d'une substruction basaltique ne s'était pas encore offert à mes regards.

Or, à Stapi, ce phénomène apparaissait dans toute sa beauté.

La muraille du fjörd, comme toute la côte de la presqu'île, se composait d'une suite de colonnes verticales, hautes de trente pieds. Ces fûts droits et d'une proportion pure supportaient une archivolte, faite de colonnes horizontales dont le surplombement formait demi-voûte au-dessus de la mer. A de certains intervalles, et sous cet impluvium naturel, l'œil surprenait des ouvertures ogivales d'un dessin admirable, à travers lesquelles les flots du large venaient se précipiter en écumant. Quelques tronçons de basalte, arrachés par les fureurs de l'Océan, s'allongeaient sur le sol comme les débris d'un temple antique, ruines éternellement jeunes, sur lesquelles passaient les siècles sans les entamer.

Telle était la dernière étape de notre voyage terrestre. Hans nous y avait conduits avec intelligence, et je me rassurais un peu en songeant qu'il devait nous accompagner encore.

En arrivant à la porte de la maison du recteur, simple cabane basse, ni plus belle, ni plus confortable que ses voisines, je vis un homme en train de ferrer un cheval, le marteau à la main, et le tablier de cuir aux reins.

« Sælvertu, » lui dit le chasseur.

— « God dag, » répondit le maréchal-ferrant en parfait danois.

— « Kyrkoherde, » fit Hans en se retournant vers mon oncle.

— Le recteur! répéta ce dernier. Il paraît, Axel, que ce brave homme est le recteur. »

Pendant ce temps, le guide mettait le « kyrkoherde » au courant de la situation; celui-ci, suspendant son travail, poussa une sorte de cri en usage sans doute entre chevaux et maquignons, et aussitôt une grande mégère sortit de la cabane. Si elle ne mesurait pas six pieds de haut, il ne s'en fallait guère.

Je craignais qu'elle ne vînt offrir aux voyageurs le baiser islandais; mais il n'en fut rien, et même elle mit assez peu de bonne grâce à nous introduire dans sa maison.

La chambre des étrangers me parut être la plus mauvaise du presbytère, étroite, sale et infecte. Il fallut s'en contenter; le recteur ne semblait pas pratiquer l'hospitalité antique. Loin de là. Avant la fin du jour, je vis que nous avions affaire à un forgeron, à un pêcheur, à un chasseur, à un charpentier, et pas du tout à un ministre du Seigneur. Nous étions en semaine, il est vrai. Peut-être se rattrapait-il le dimanche.

Je ne veux pas dire du mal de ces pauvres prêtres qui, après tout, sont fort misérables; ils reçoivent du gouvernement danois un traitement ridicule et perçoivent le quart de la dîme de leur paroisse, ce qui ne fait pas une somme de soixante marks courants[1]. De là, nécessité de travailler pour vivre ; mais à pêcher, à chasser, à ferrer des chevaux, on finit par prendre les manières, le ton et les mœurs des chasseurs, des pêcheurs et autres gens un peu rudes; le soir même je m'aperçus que notre hôte ne comptait pas la sobriété au nombre de ses vertus.

Mon oncle comprit vite à quel genre d'homme il avait affaire; au lieu d'un brave et digne savant, il trouvait un paysan lourd et grossier; il résolut donc de commencer au plus tôt sa grande expédition et de quitter cette cure peu hospitalière. Il ne regardait pas à ses fatigues et résolut d'aller passer quelques jours dans la montagne.

Les préparatifs de départ furent donc faits dès le lendemain de notre arrivée à Stapi. Hans loua les services de trois Islandais pour remplacer les chevaux dans le transport des bagages; mais, une

1. Monnaie de Hambourg, 90 fr. environ.

fois arrivés au fond du cratère, ces indigènes devaient rebrousser chemin et nous abandonner à nous-mêmes. Ce point fut parfaitement arrêté.

A cette occasion, mon oncle dut apprendre au chasseur que son intention était de poursuivre la reconnaissance du volcan jusqu'à ses dernières limites.

Hans se contenta d'incliner la tête. Aller là ou ailleurs, s'enfoncer dans les entrailles de son île ou la parcourir, il n'y voyait aucune différence; quant à moi, distrait jusqu'alors par les incidents du voyage, j'avais un peu oublié l'avenir, mais maintenant je sentais l'émotion me reprendre de plus belle. Qu'y faire ? Si j'avais pu tenter de résister au professeur Lidenbrock, c'était à Hambourg et non au pied du Sneffels.

Une idée, entre toutes, me tracassait fort, idée effrayante et faite pour ébranler des nerfs moins sensibles que les miens.

« Voyons, me disais-je, nous allons gravir le Sneffels. Bien. Nous allons visiter son cratère. Bon. D'autres l'ont fait qui n'en sont pas morts. Mais ce n'est pas tout. S'il se présente un chemin pour descendre dans les entrailles du sol, si ce malencontreux Saknussemm a dit vrai, nous allons nous perdre au milieu des galeries souterraines du volcan. Or, rien n'affirme que le Sneffels soit éteint? Qui prouve qu'une éruption ne se prépare pas? De ce que le monstre dort depuis

1229, s'ensuit-il qu'il ne puisse se réveiller? Et, s'il se réveille, qu'est-ce que nous deviendrons? »

Cela demandait la peine d'y réfléchir, et j'y réfléchissais. Je ne pouvais dormir sans rêver d'éruption; or, le rôle de scorie me paraissait assez brutal à jouer.

Enfin je n'y tins plus; je résolus de soumettre le cas à mon oncle le plus adroitement possible, et sous la forme d'une hypothèse parfaitement irréalisable.

J'allai le trouver. Je lui fis part de mes craintes, et je me reculai pour le laisser éclater à son aise.

« J'y pensais, » répondit-il simplement.

Que signifiaient ces paroles! Allait-il donc entendre la voix de la raison? Songeait-il à suspendre ses projets? C'eût été trop beau pour être possible.

Après quelques instants de silence, pendant lesquels je n'osais l'interroger, il reprit en disant :

« J'y pensais. Depuis notre arrivée à Stapi, je me suis préoccupé de la grave question que tu viens de me soumettre, car il ne faut pas agir en imprudents.

— Non, répondis-je avec force.

— Il y a six cents ans que le Sneffels est muet; mais il peut parler. Or les éruptions sont toujours précédées par des phénomènes parfaitement connus; j'ai donc interrogé les habitants du pays, j'ai étudié le sol, et je puis te le dire, Axel, il n'y aura pas d'éruption. »

A cette affirmation je restai stupéfait, et je ne pus répliquer.

« Tu doutes de mes paroles? dit mon oncle, eh bien! suis-moi. »

J'obéis machinalement. En sortant du presbytère, le professeur prit un chemin direct qui, par une ouverture de la muraille basaltique, s'éloignait de la mer. Bientôt nous étions en rase campagne, si l'on peut donner ce nom à un amoncellement immense de déjections volcaniques; le pays paraissait comme écrasé sous une pluie de pierres énormes, de trapp, de basalte, de granit et de toutes les roches pyroxéniques

Je voyais çà et là des fumerolles monter dans les airs; ces vapeurs blanches nommées « reykir » en langue islandaise, venaient des sources thermales, et elles indiquaient, par leur violence, l'activité volcanique du sol. Cela me paraissait justifier mes craintes. Aussi je tombai de mon haut quand mon oncle me dit :

« Tu vois toutes ces fumées, Axel; eh bien, elles prouvent que nous n'avons rien à redouter des fureurs du volcan!

— Par exemple! m'écriai-je.

— Retiens bien ceci, reprit le professeur : aux approches d'une éruption, ces fumerolles redoublent d'activité pour disparaître complétement pendant la durée du phénomène, car les fluides élastiques, n'ayant plus la tension nécessaire, prennent le chemin des cratères au lieu de s'échapper à travers les fissures du globe. Si donc ces vapeurs se maintiennent dans leur état habituel, si leur énergie ne s'accroit pas, si tu ajoutes à cette observation que le vent, la pluie ne sont pas remplacés par un air lourd et calme, tu peux affirmer qu'il n'y aura pas d'éruption prochaine.

— Mais...

— Assez. Quand la science a prononcé, il n'y a plus qu'à se taire. »

Je revins à la cure l'oreille basse; mon oncle m'avait battu avec des arguments scientifiques. Cependant j'avais encore un espoir, c'est qu'une fois arrivés au fond du cratère, il serait impossible, faute de galerie, de descendre plus profondément, et cela en dépit de tous les Saknussemm du monde.

Je passai la nuit suivante en plein cauchemar au milieu d'un volcan et des profondeurs de la terre, je me sentis lancé dans les espaces planétaires sous la forme de roche éruptive.

Le lendemain, 23 juin, Hans nous attendait avec ses compagnons chargés des vivres, des outils et des instruments. Deux bâtons ferrés, deux fusils, deux cartouchières, étaient réservés à mon oncle et à moi. Hans, en homme de précaution, avait ajouté à nos bagages une outre pleine qui, jointe à nos gourdes, nous assurait de l'eau pour huit jours.

Il était neuf heures du matin. Le recteur et sa haute mégère attendaient devant leur porte. Ils voulaient sans doute nous adresser l'adieu suprême de l'hôte au voyageur. Mais cet adieu prit la forme inattendue d'une note formidable, où l'on comptait jusqu'à l'air de la maison pastorale, air infect, j'ose le dire. Ce digne couple nous rançonnait comme un aubergiste suisse et portait à un beau prix son hospitalité surfaite.

Mon oncle paya sans marchander. Un homme qui partait pour le centre de la terre ne regardait pas à quelques rixdales.

Ce point réglé, Hans donna le signal du départ, et quelques instants après nous avions quitté Stapi.

XV

Le Sneffels est haut de cinq mille pieds ; il termine, par son double cône, une bande trachytique qui se détache du système orographique de l'île. De notre point de départ on ne pouvait voir ses deux pics se profiler sur le fond grisâtre du ciel. J'apercevais seulement une énorme calotte de neige abaissée sur le front du géant.

Nous marchions en file, précédés du chasseur ; celui-ci remontait d'étroits sentiers où deux personnes n'auraient pas pu aller de front. Toute conversation devenait donc à peu près impossible.

Au delà de la muraille basaltique du fjörd de Stapi, se présenta d'abord un sol de tourbe herbacée et fibreuse, résidu de l'antique végétation des marécages de la presqu'île ; la masse de ce combustible encore inexploité suffirait à chauffer pendant un siècle toute la population de l'Islande ; cette vaste tourbière, mesurée du fond de certains ravins, avait souvent soixante-dix pieds de haut et présentait des couches successives de détritus carbonisés, séparées par des feuillets de tuf ponceux.

En véritable neveu du professeur Lidenbrock

et malgré mes préoccupations, j'observais avec intérêt les curiosités minéralogiques étalées dans ce vaste cabinet d'histoire naturelle; en même temps je refaisais dans mon esprit toute l'histoire géologique de l'Islande.

Cette île, si curieuse, est évidemment sortie du fond des eaux à une époque relativement moderne; peut-être même s'élève-t-elle encore par un mouvement insensible. S'il en est ainsi, on ne peut attribuer son origine qu'à l'action des feux souterrains. Donc, dans ce cas, la théorie de Humphry Davy, le document de Saknussemm, les prétentions de mon oncle, tout s'en allait en fumée. Cette hypothèse me conduisit à examiner attentivement la nature du sol, et je me rendis bientôt compte de la succession des phénomènes qui présidèrent à la formation de l'île.

L'Islande, absolument privée de terrain sédimentaire, se compose uniquement de tuf volcanique, c'est-à-dire d'un aggloméré de pierres et de roches d'une texture poreuse. Avant l'existence des volcans, elle était faite d'un massif trappéen, lentement soulevé au-dessus des flots par la poussée des forces centrales. Les feux intérieurs n'avaient pas encore fait irruption au dehors.

Mais, plus tard, une large fente se creusa diagonalement du sud-ouest au nord-ouest de l'île, par laquelle s'épancha peu à peu toute la pâte trachytique. Le phénomène s'accomplissait alors sans violence; l'issue était énorme, et les matières fondues, rejetées des entrailles du globe, s'étendirent tranquillement en vastes nappes ou en masses mamelonnées. A cette époque apparurent les fedspaths, les syénites et les porphyres.

Mais, grâce à cet épanchement, l'épaisseur de l'île s'accrut considérablement, et, par suite, sa force de résistance. On conçoit quelle quantité de fluides élastiques s'emmagasina dans son sein, lorsqu'elle n'offrit plus aucune issue, après le refroidissement de la croûte trachytique. Il arriva donc un moment où la puissance mécanique de ces gaz fut telle qu'ils soulevèrent la lourde écorce et se creusèrent de hautes cheminées. De là le volcan fait du soulèvement de la croûte, puis le cratère subitement troué au sommet du volcan.

Alors aux phénomènes éruptifs succédèrent les phénomènes volcaniques; par les ouvertures nouvellement formées s'échappèrent d'abord les déjections basaltiques, dont la plaine que nous traversions en ce moment offrait à nos regards les plus merveilleux spécimens. Nous marchions sur ces roches pesantes d'un gris foncé que le refroidissement avait moulées en prismes à base hexagone. Au loin se voyaient un grand nombre de cônes aplatis, qui furent jadis autant de bouches ignivomes.

Puis, l'éruption basaltique épuisée, le volcan,

dont la force s'accrut de celle des cratères éteints, donna passage aux laves et à ces tufs de cendres et de scories dont j'apercevais les longues coulées éparpillées sur ses flancs comme une chevelure opulente.

Telle fut la succession des phénomènes qui constituèrent l'Islande; tous provenaient de l'action des feux intérieurs, et supposer que la masse interne ne demeurait pas dans un état permanent d'incandescente liquidité, c'était folie. Folie surtout de prétendre atteindre le centre du globe!

Je me rassurais donc sur l'issue de notre entreprise, tout en marchant à l'assaut du Sneffels.

La route devenait de plus en plus difficile; le sol montait; les éclats de roches s'ébranlaient, et il fallait la plus scrupuleuse attention pour éviter des chutes dangereuses.

Hans s'avançait tranquillement comme sur un terrain uni; parfois il disparaissait derrière les grands blocs, et nous le perdions de vue momentanément; alors un sifflement aigu, échappé de ses lèvres, indiquait la direction à suivre. Souvent aussi il s'arrêtait, ramassait quelques débris de rocs, les disposait d'une façon reconnaissable et formait ainsi des amers destinés à indiquer la route du retour. Précaution bonne en soi, mais que les événements futurs rendirent inutile.

Trois fatigantes heures de marche nous avaient amenés seulement à la base de la montagne. Là,

Hans fit signe de s'arrêter, et un déjeuner sommaire fut partagé entre tous. Mon oncle mangeait les morceaux doubles pour aller plus vite. Seulement, cette halte de réfection étant aussi une halte de repos, il dut attendre le bon plaisir du guide, qui donna le signal du départ une heure après. Les trois Islandais, aussi taciturnes que leur camarade le chasseur, ne prononcèrent pas un seul mot et mangèrent sobrement.

Nous commencions maintenant à gravir les pentes du Sneffels ; son neigeux sommet, par une illusion d'optique fréquente dans les montagnes, me paraissait fort rapproché, et cependant, que de longues heures avant de l'atteindre! quelle fatigue surtout! Les pierres qu'aucun ciment de terre, aucune herbe ne liaient entre elles, s'éboulaient sous nos pieds et allaient se perdre dans la plaine avec la rapidité d'une avalanche.

En de certains endroits, les flancs du mont faisaient avec l'horizon un angle de trente-six degrés au moins ; il était impossible de les gravir, et ces raidillons pierreux devaient être tournés non sans difficulté. Nous nous prêtions alors un mutuel secours à l'aide de nos bâtons.

Je dois dire que mon oncle se tenait près de moi le plus possible ; il ne me perdait pas de vue, et en mainte occasion, son bras me fournit un solide appui. Pour son compte, il avait sans doute le sentiment inné de l'équilibre, car il ne bronchait pas. Les Islandais, quoique chargés grimpaient avec une agilité de montagnards.

A voir la hauteur de la cime du Sneffels, il me semblait impossible qu'on pût l'atteindre de ce côté, si l'angle d'inclinaison des pentes ne se fermait pas. Heureusement, après une heure de fatigues et de tours de force, au milieu du vaste tapis de neige développé sur la croupe du volcan, une sorte d'escalier se présenta inopinément, qui simplifia notre ascension. Il était formé par l'un de ces torrents de pierres rejetées par les éruptions, et dont le nom islandais est « stinâ ». Si ce torrent n'eût pas été arrêté dans sa chute par la disposition des flancs de la montagne, il serait allé se précipiter dans la mer et former des îles nouvelles.

Tel il était, tel il nous servit fort; la raideur des pentes s'accroissait, mais ces marches de pierres permettaient de les gravir aisément, et si rapidement même, qu'étant resté un moment en arrière pendant que mes compagnons continuaient leur ascension, je les aperçus déjà réduits, par l'éloignement, à une apparence microscopique.

A sept heures du soir nous avions monté les deux mille marches de l'escalier, et nous dominions une extumescence de la montagne, sorte d'assise sur laquelle s'appuyait le cône proprement dit du cratère.

La mer s'étendait à une profondeur de trois

mille deux cents pieds; nous avions dépassé la limite des neiges perpétuelles, assez peu élevée en Islande par suite de l'humidité constante du climat. Il faisait un froid violent; le vent soufflait avec force. J'étais épuisé. Le professeur vit bien que mes jambes me refusaient tout service, et, malgré son impatience, il se décida à s'arrêter. Il fit donc signe au chasseur, qui secoua la tête en disant :

— « Ofvanför. »

— Il paraît qu'il faut aller plus haut, dit mon oncle.

Puis il demanda à Hans le motif de sa réponse.

— « Mistour », répondit le guide.

— « Ja, mistour, » répéta l'un des Islandais d'un ton effrayé.

— Que signifie ce mot ? demandai-je avec inquiétude.

— Vois, » dit mon oncle.

Je portai mes regards vers la plaine; une immense colonne de pierre ponce pulvérisée, de sable et de poussière s'élevait en tournoyant comme une trombe; le vent la rabattait sur le flanc du Sneffels, auquel nous étions accrochés; ce rideau opaque étendu devant le soleil produisait une grande ombre jetée sur la montagne. Si cette trombe s'inclinait, elle devait inévitablement nous enlacer dans ses tourbillons. Ce phénomène, assez fréquent lorsque le vent souffle des glaciers, prend le nom de « mistour » en langue islandaise.

« Hastigt, hastigt, » s'écria notre guide.

Sans savoir le danois, je compris qu'il nous fallait suivre Hans au plus vite. Celui-ci commença à tourner le cône du cratère, mais en biaisant, de manière à faciliter la marche; bientôt, la trombe s'abattit sur la montagne, qui tressaillit à son choc; les pierres saisies dans les remous du vent volèrent en pluie comme dans une éruption. Nous étions, heureusement, sur le versant opposé et à l'abri de tout danger; sans la précaution du guide, nos corps déchiquetés, réduits en poussière, fussent retombés au loin comme le produit de quelque météore inconnu.

Cependant Hans ne jugea pas prudent de passer la nuit sur les flancs du cône. Nous continuâmes notre ascension en zigzag; les quinze cents pieds qui restaient à franchir prirent près de cinq heures; les détours, les biais et contremarches mesuraient trois lieues au moins. Je n'en pouvais plus; je succombais au froid et à la faim. L'air, un peu raréfié, ne suffisait pas au jeu de mes poumons.

Enfin, à onze heures du soir, en pleine obscurité, le sommet du Sneffels fut atteint, et, avant d'aller m'abriter à l'intérieur du cratère, j'eus le temps d'apercevoir « le soleil de minuit » au plus bas de sa carrière, projetant ses pâles rayons sur l'île endormie à mes pieds.

XVI

Le souper fut rapidement dévoré et la petite troupe se casa de son mieux. La couche était dure, l'abri peu solide, la situation fort pénible, à cinq mille pieds au-dessus du niveau de la mer. Cependant mon sommeil fut particulièrement paisible pendant cette nuit, l'une des meilleures que j'eusse passées depuis longtemps. Je ne rêvai même pas.

Le lendemain on se réveilla à demi gelé par un air très vif, aux rayons d'un beau soleil. Je quittai ma couche de granit et j'allai jouir du magnifique spectacle qui se développait à mes regards.

J'occupais le sommet de l'un des deux pics du Sneffels, celui du sud. De là ma vue s'étendait sur la plus grande partie de l'île ; l'optique, commune à toutes les grandes hauteurs, en relevait les rivages, tandis que les parties centrales paraissaient s'enfoncer. On eût dit qu'une de ces cartes en relief d'Helbesmer s'étalait sous mes pieds ; je voyais les vallées profondes se croiser en tous sens, les précipices se creuser comme des puits, les lacs se changer en étangs, les rivières se faire ruisseaux. Sur ma droite se succédaient les glaciers sans nombre et les pics multipliés, dont quelques-uns s'empanachaient de fumées légères. Les ondulations de ces montagnes infinies, que leurs couches de neige semblaient rendre écumantes, rappelaient à mon souvenir la surface d'une mer agitée. Si je me retournais vers l'ouest, l'Océan s'y développait dans sa majestueuse étendue, comme une continuation de ces sommets moutonneux. Où finissait la terre, où commençaient les flots, mon œil le distinguait à peine.

Je me plongeais ainsi dans cette prestigieuse extase que donnent les hautes cimes, et cette fois, sans vertige, car je m'accoutumais enfin à ces sublimes contemplations. Mes regards éblouis se baignaient dans la transparente irradiation des rayons solaires, j'oubliais qui j'étais, où j'étais, pour vivre de la vie des elfes ou des sylphes, imaginaires habitants de la mythologie scandinave; je m'enivrais de la volupté des hauteurs, sans songer aux abîmes dans lesquels ma destinée allait me plonger avant peu. Mais je fus ramené au sentiment de la réalité par l'arrivée du professeur et de Hans, qui me rejoignirent au sommet du pic.

Mon oncle, se tournant vers l'ouest, m'indiqua de la main une légère vapeur, une brume, une apparence de terre qui dominait la ligne des flots.

« Le Groënland, dit-il.

— Le Groënland ? m'écriai-je.

— Oui ; nous n'en sommes pas à trente-cinq lieues, et, pendant les dégels, les ours blancs arrivent jusqu'à l'Islande, portés sur les glaçons du nord. Mais cela importe peu. Nous sommes au sommet du Sneffels ; voici deux pics, l'un au sud, l'autre au nord. Hans va nous dire de quel nom les Islandais appellent celui qui nous porte en ce moment. »

La demande formulée, le chasseur répondit :
« Scartaris. »

Mon oncle me jeta un coup d'œil triomphant.
« Au cratère ! » dit-il.

Le cratère du Sneffels représentait un cône renversé dont l'orifice pouvait avoir une demi-lieue de diamètre. Sa profondeur, je l'estimais à deux mille pieds environ. Que l'on juge de l'état d'un pareil récipient, lorsqu'il s'emplissait de tonnerres et de flammes. Le fond de l'entonnoir ne devait pas mesurer plus de cinq cents pieds de tour, de telle sorte que ses pentes assez douces permettaient d'arriver facilement à sa partie inférieure. Involontairement, je comparais ce cratère à un énorme tromblon évasé, et la comparaison m'épouvantait.

« Descendre dans un tromblon, pensai-je, quand il est peut-être chargé et qu'il peut partir au moindre choc, c'est l'œuvre de fous. »

Mais je n'avais pas à reculer. Hans, d'un air indifférent, reprit la tête de la troupe. Je le suivis sans mot dire.

Afin de faciliter la descente, Hans décrivait à l'intérieur du cône des ellipses très allongées; il fallait marcher au milieu des roches éruptives, dont quelques-unes, ébranlées dans leurs alvéoles, se précipitaient en rebondissant jusqu'au fond de l'abime. Leur chute déterminait des réverbérations d'échos d'une étrange sonorité.

Certaines parties du cône formaient des glaciers intérieurs; Hans ne s'avançait alors qu'avec une extrême précaution, sondant le sol de son bâton ferré pour y découvrir les crevasses. A de certains passages douteux, il devint nécessaire de nous lier par une longue corde, afin que celui auquel le pied viendrait à manquer inopinément se trouvât soutenu par ses compagnons. Cette solidarité était chose prudente, mais elle n'excluait pas tout danger.

Cependant, et malgré les difficultés de la descente sur des pentes que le guide ne connaissait pas, la route se fit sans accident, sauf la chute d'un ballot de cordes qui s'échappa des mains d'un Islandais et alla par le plus court jusqu'au fond de l'abime.

A midi nous étions arrivés. Je relevai la tête, et j'aperçus l'orifice supérieur du cône, dans lequel s'encadrait un morceau de ciel d'une circonférence singulièrement réduite, mais presque parfaite. Sur un point seulement se détachait le pic du Scartaris, qui s'enfonçait dans l'immensité.

Au fond du cratère s'ouvraient trois cheminées par lesquelles, au temps des éruptions du Snoffels, le foyer central chassait ses laves et ses vapeurs. Chacune de ces cheminées avait environ cent pieds de diamètre. Elles étaient là béantes sous nos pas. Je n'eus pas la force d'y plonger mes regards. Le professeur Lidenbrock, lui, avait fait un examen rapide de leur disposition ; il était haletant ; il courait de l'une à l'autre, gesticulant et lançant des paroles incompréhensibles. Hans et ses compagnons, assis sur des morceaux de lave, le regardaient faire ; ils le prenaient évidemment pour un fou.

Tout à coup mon oncle poussa un cri ; je crus qu'il venait de perdre pied et de tomber dans l'un des trois gouffres. Mais non. Je l'aperçus, les bras étendus, les jambes écartées, debout devant un roc de granit posé au centre du cratère, comme un énorme piédestal fait pour la statue d'un Pluton. Il était dans la pose d'un homme stupéfait, mais dont la stupéfaction fit bientôt place à une joie insensée.

« Axel ! Axel ! s'écria-t-il, viens ! viens ! »

J'accourus. Ni Hans ni les Islandais ne bougèrent.

« Regarde, » me dit le professeur.

Et, partageant sa stupéfaction, sinon sa joie, je lus sur la face occidentale du bloc, en caractères runiques à demi-rongés par le temps, ce nom mille fois maudit :

ᚠᛁᚾᚠ ᛋᛏᛈᚴᛅᛋᛋᛏᚷ

« Arne Saknussemm ! s'écria mon oncle, douteras-tu encore ? »

Je ne répondis pas, et je revins consterné à mon banc de lave. L'évidence m'écrasait.

Combien de temps demeurai-je ainsi plongé dans mes réflexions, je l'ignore. Tout ce que je sais, c'est qu'en relevant la tête je vis mon oncle et Hans seuls au fond du cratère. Les Islandais avaient été congédiés, et maintenant ils redescendaient les pentes extérieures du Sneffels pour regagner Stapi.

Hans dormait tranquillement au pied d'un roc, dans une coulée de lave où il s'était fait un lit improvisé ; mon oncle tournait au fond du cratère, comme une bête sauvage dans la fosse d'un trappeur. Je n'eus ni l'envie ni la force de me lever, et, prenant exemple sur le guide, je me laissai aller à un douloureux assoupissement, croyant entendre des bruits ou sentir des frissonnements dans les flancs de la montagne.

Ainsi se passa cette première nuit au fond du cratère.

Le lendemain, un ciel gris, nuageux, lourd, s'abaissa sur le sommet du cône. Je ne m'en aperçus pas tant à l'obscurité du gouffre qu'à la colère dont mon oncle fut pris.

J'en compris la raison, et un reste d'espoir me revint au cœur. Voici pourquoi.

Des trois routes ouvertes sous nos pas, une seule avait été suivie par Saknussemm. Au dire du savant islandais, on devait la reconnaître à cette particularité signalée dans le cryptogramme, que l'ombre du Scartaris venait en caresser les bords pendant les derniers jours du mois de juin.

On pouvait, en effet, considérer ce pic aigu comme le style d'un immense cadran solaire, dont l'ombre à un jour donné marquait le chemin du centre du globe.

Or, si le soleil venait à manquer, pas d'ombre. Conséquemment, pas d'indication. Nous étions au 25 juin. Que le ciel demeurât couvert pendant six jours, et il faudrait remettre l'observation à une autre année.

Je renonce à peindre l'impuissante colère du professeur Lidendrock. La journée se passa, et aucune ombre ne vint s'allonger sur le fond du cratère. Hans ne bougea pas de sa place; il devait pourtant se demander ce que nous attendions, s'il se demandait quelque chose! Mon oncle ne m'adressa pas une seule fois la parole. Ses regards, invariablement tournés vers le ciel, se perdaient dans sa teinte grise et brumeuse.

Le 26, rien encore, une pluie mêlée de neige tomba pendant toute la journée. Hans construisit une hutte avec des morceaux de lave. Je pris un certain plaisir à suivre de l'œil les milliers de cascades improvisées sur les flancs du cône, et dont chaque pierre accroissait l'assourdissant murmure.

Mon oncle ne se contenait plus. Il y avait de quoi irriter un homme plus patient, car c'était véritablement échouer au port.

Mais aux grandes douleurs le ciel mêle incessamment les grandes joies, et il réservait au professeur Lidenbrock une satisfaction égale à ses désespérants ennuis.

Le lendemain le ciel fut encore couvert, mais le dimanche, 28 juin, l'antépénultième jour du mois, avec le changement de lune vint le changement de temps. Le soleil versa ses rayons à flots dans le cratère. Chaque monticule, chaque roc, chaque pierre, chaque aspérité eut part à sa bienfaisante effluve et projeta instantanément son ombre sur le sol. Entre toutes, celle du Scartaris se dessina comme une vive arête et se mit à tourner insensiblement vers l'astre radieux.

Mon oncle tournait avec elle.

A midi, dans sa période la plus courte, elle vint lécher doucement le bord de la cheminée centrale.

« C'est là! s'écria le professeur, c'est là! Au centre du globe! » ajouta-t-il en danois.

Je regardai Hans.

« Forüt! » fit tranquillement le guide.

— En avant! » répondit mon oncle.

Il était une heure et troize minutes du soir.

XVII

Le véritable voyage commençait. Jusqu'alors les fatigues l'avaient emporté sur les difficultés; maintenant celles-ci allaient véritablement naître sous nos pas.

Je n'avais point encore plongé mon regard dans ce puits insondable où j'allais m'engouffrer. Le moment était venu. Je pouvais encore ou prendre mon parti de l'entreprise ou refuser de la tenter. Mais j'eus honte de reculer devant le chasseur. Hans acceptait si tranquillement l'aventure, avec une telle indifférence, une si parfaite insouciance de tout danger, que je rougis à l'idée d'être moins brave que lui. Seul, j'aurais entamé la série des grands arguments; mais, en présence du guide, je me tus ; un de mes souvenirs s'envola vers ma jolie Virlandaise, et je m'approchai de la cheminée centrale.

J'ai dit qu'elle mesurait cent pieds de diamètre, ou trois cents pieds de tour. Je me penchai au-dessus d'un roc qui surplombait, et je regardai ; mes cheveux se hérissèrent. Le sentiment du vide s'empara de mon être. Je sentis le centre de gravité se déplacer en moi et le vertige monter à ma tête comme une ivresse. Rien de plus capiteux que cette attraction de l'abîme. J'allais tomber. Une main me retint. Celle de Hans. Décidément, je n'avais pas pris assez de leçons de gouffre à la Frelsers-Kirk de Copenhague.

Cependant, si peu que j'eusse hasardé mes regards dans ce puits, je m'étais rendu compte de sa conformation. Ses parois, presque à pic, présentaient cependant de nombreuses saillies qui devaient faciliter la descente ; mais si l'escalier ne manquait pas, la rampe faisait défaut. Une corde attachée à l'orifice aurait suffi pour nous soutenir, mais comment la détacher, lorsqu'on serait parvenu à son extrémité inférieure ?

Mon oncle employa un moyen fort simple pour obvier à cette difficulté. Il déroula une corde de la grosseur du pouce et longue de quatre cents pieds ; il en laissa filer d'abord la moitié, puis il l'enroula autour d'un bloc de lave qui faisait saillie et rejeta l'autre moitié dans la cheminée.

Chacun de nous pouvait alors descendre en réunissant dans sa main les deux moitiés de la corde qui ne pouvait se défiler ; une fois descendus de deux cents pieds, rien ne nous serait plus aisé que de la ramener en lâchant un bout et en halant sur l'autre. Puis, on recommencerait cet exercice *usque ad infinitum*.

« Maintenant, dit mon oncle après avoir achevé ces préparatifs, occupons-nous des bagages ; ils vont être divisés en trois paquets, et chacun de nous en attachera un sur son dos ; j'entends parler seulement des objets fragiles. »

L'audacieux professeur ne nous comprenait évidemment pas dans cette dernière catégorie.

« Hans, reprit-il, va se charger des outils et d'une partie des vivres ; toi, Axel, d'un second tiers des vivres et des armes ; moi, du reste des vivres et des instruments délicats.

— Mais, dis-je, et les vêtements, et cette masse de cordes et d'échelles, qui se chargera de les descendre ?

— Ils descendront tout seuls.

— Comment cela ? demandai-je fort étonné.

— Tu vas le voir. »

Mon oncle employait volontiers les grands moyens et sans hésiter. Sur son ordre, Hans réunit en un seul colis les objets non fragiles, et ce paquet, solidement cordé, fut tout bonnement précipité dans le gouffre.

J'entendis ce mugissement sonore produit par le déplacement des couches d'air. Mon oncle, penché sur l'abime, suivait d'un œil satisfait la descente de ses bagages, et ne se releva qu'après les avoir perdus de vue.

« Bon, fit-il. A nous maintenant. »

Je demande à tout homme de bonne foi s'il était possible d'entendre sans frissonner de telles paroles !

Le professeur attacha sur son dos le paquet des instruments ; Hans prit celui des outils, moi celui des armes. La descente commença dans l'ordre suivant : Hans, mon oncle et moi. Elle se fit dans un profond silence, troublé seulement par la chute des débris de roc qui se précipitaient dans l'abime.

Je me laissai couler, pour ainsi dire, serrant frénétiquement la double corde d'une main, de l'autre m'arc-boutant au moyen de mon bâton ferré. Une idée unique me dominait : je craignais que le point d'appui ne vînt à manquer. Cette corde me paraissait bien fragile pour supporter le poids de trois personnes. Je m'en servais le moins possible, opérant des miracles d'équilibre sur les saillies de lave que mon pied cherchait à saisir comme une main.

Lorsqu'une de ces marches glissantes venait à s'ébranler sous le pas de Hans, il disait de sa voix tranquille :

— « Gif akt ! »

— Attention ! » répétait mon oncle.

Après une demi-heure, nous étions arrivés sur la surface d'un roc fortement engagé dans la paroi de la cheminée.

Hans tira la corde par l'un de ses bouts; l'autre s'éleva dans l'air; après avoir dépassé le rocher supérieur, il retomba en râclant les morceaux de pierres et de laves, sorte de pluie, ou mieux, de grêle fort dangereuse.

En me penchant au-dessus de notre étroit plateau, je remarquai que le fond du trou était encore invisible.

La manœuvre de la corde recommença, et une demi-heure après nous avions gagné une nouvelle profondeur de deux cents pieds.

Je ne sais si le plus enragé géologue eût essayé d'étudier, pendant cette descente, la nature des terrains qui l'environnaient. Pour mon compte, je ne m'en inquiétai guère; qu'ils fussent pliocènes, miocènes, éocènes, crétacés, jurassiques, triasiques, perniens, carbonifères, dévoniens, siluriens ou primitifs, cela me préoccupa peu. Mais le professeur, sans doute, fit ses observations ou prit ses notes, car, à l'une des haltes, il me dit :

« Plus je vais, plus j'ai confiance; la disposition de ces terrains volcaniques donne absolument raison à la théorie de Davy. Nous sommes en plein sol primordial, sol dans lequel s'est produit l'opération chimique des métaux enflammés au contact de l'air et de l'eau ; je repousse absolument le système d'une chaleur centrale ; d'ailleurs, nous verrons bien. »

Toujours la même conclusion. On comprend que je ne m'amusai pas à discuter. Mon silence fut pris pour un assentiment, et la descente recommença.

Au bout de trois heures, je n'entrevoyais pas encore le fond de la cheminée. Lorsque je relevais la tête, j'apercevais son orifice qui décroissait sensiblement ; ses parois, par suite de leur légère inclinaison, tendaient à se rapprocher. L'obscurité se faisait peu à peu.

Cependant nous descendions toujours ; il me semblait que les pierres détachées des parois s'engloutissaient avec une répercussion plus mate et qu'elles devaient rencontrer promptement le fond de l'abîme.

Comme j'avais eu soin de noter exactement nos manœuvres de corde, je pus me rendre un compte exact de la profondeur atteinte et du temps écoulé.

Nous avions alors répété quatorze fois cette manœuvre qui durait une demi-heure. C'était donc sept heures, plus quatorze quarts d'heure de repos ou trois heures et demie. En tout, dix heures et demie. Nous étions partis à une heure, il devait être onze heures en ce moment.

Quant à la profondeur à laquelle nous étions parvenus, ces quatorze manœuvres d'une corde de deux cents pieds donnaient deux mille huit cents pieds.

En ce moment la voix de Hans se fit entendre :

— « Halt! » dit-il.

Je m'arrêtai court au moment où j'allais heurter de mes pieds la tête de mon oncle.

« Nous sommes arrivés, dit celui-ci.

— Où? demandai-je en me laissant glisser près de lui.

— Au fond de la cheminée perpendiculaire.

— Il n'y a donc pas d'autre issue?

— Si, une sorte de couloir que j'entrevois et qui oblique vers la droite. Nous verrons cela demain. Soupons d'abord et nous dormirons après. »

L'obscurité n'était pas encore complète. On ouvrit le sac aux provisions, on mangea et l'on se coucha de son mieux sur un lit de pierres et de débris de lave.

Et quand, étendu sur le dos, j'ouvris les yeux, j'aperçus un point brillant à l'extrémité de ce tube long de trois mille pieds, qui se transformait en une gigantesque lunette.

C'était une étoile dépouillée de toute scintillation et qui, d'après mes calculs, devait être β de la petite Ourse.

Puis je m'endormis d'un profond sommeil.

XVIII

À huit heures du matin, un rayon du jour vint nous réveiller. Les mille facettes de lave des parois le recueillaient à son passage et l'éparpillaient comme une pluie d'étincelles.

Cette lueur était assez forte pour permettre de distinguer les objets environnants.

« Eh bien! Axel, qu'en dis-tu? fit mon oncle en se frottant les mains. As-tu jamais passé une nuit plus paisible dans notre maison de Königstrasse. Plus de bruit de charrettes, plus de cris de marchands, plus de vociférations de bateliers!

— Sans doute, nous sommes fort tranquilles au fond de ce puits; mais ce calme même a quelque chose d'effrayant.

— Allons donc, s'écria mon oncle, si tu t'effrayes déjà, que sera-ce plus tard? Nous ne sommes pas encore entrés d'un pouce dans les entrailles de la terre?

— Que voulez-vous dire?

— Je veux dire que nous avons atteint seulement le sol de l'île! Ce long tube vertical, qui aboutit au cratère du Sneffels, s'arrête à peu près du niveau de la mer.

— En êtes-vous certain ?

— Très certain ; consulte le baromètre, tu verras ! »

En effet, le mercure, après avoir peu à peu remonté dans l'instrument à mesure que notre descente s'effectuait, s'était arrêté à vingt-neuf pouces.

« Tu le vois, reprit le professeur, nous n'avons encore que la pression d'une atmosphère, et il me tarde que le manomètre vienne remplacer ce baromètre. »

Cet instrument allait, en effet, nous devenir inutile, du moment que le poids de l'air dépasserait sa pression calculée au niveau de l'Océan.

« Mais, dis-je, n'est-il pas à craindre que cette pression toujours croissante ne soit fort pénible ?

— Non. Nous descendrons lentement, et nos poumons s'habitueront à respirer une atmosphère plus comprimée. Les aéronautes finissent par manquer d'air en s'élevant dans les couches supérieures ; nous, nous en aurons trop peut-être. Mais j'aime mieux cela. Ne perdons pas un instant. Où est le paquet qui nous a précédés dans l'intérieur de la montagne ?

Je me souvins alors que nous l'avions vainement cherché la veille au soir. Mon oncle interrogea Hans, qui, après avoir regardé attentivement avec ses yeux de chasseur, répondit :

« Der huppe! »

— Là-haut. »

En effet, ce paquet était accroché à une saillie de roc, à une centaine de pieds au-dessus de notre tête. Aussitôt l'agile Islandais grimpa comme un chat et, en quelques minutes, le paquet nous rejoignit.

« Maintenant, dit mon oncle, déjeunons; mais déjeunons comme des gens qui peuvent avoir une longue course à faire. »

Le biscuit et la viande sèche furent arrosés de quelques gorgées d'eau mêlée de genièvre.

Le déjeuner terminé, mon oncle tira de sa poche un carnet destiné aux observations; il prit successivement ses divers instruments et nota les données suivantes:

Lundi 1er juillet.

Chronomètre: 8 h. 17 m. du matin.
Baromètre: 29 p. 7 l.
Thermomètre: 6°.
Direction: E.-S.-E.

Cette dernière observation s'appliquait à la galerie obscure et fut donnée par la boussole.

« Maintenant, Axel, s'écria le professeur d'une voix enthousiaste, nous allons nous enfoncer véritablement dans les entrailles du globe. Voici donc le moment précis auquel notre voyage commence. »

Cela dit, mon oncle prit d'une main l'appareil de Ruhmkorff suspendu à son cou ; de l'autre, il mit en communication le courant électrique avec le serpentin de la lanterne, et une assez vive lumière dissipa les ténèbres de la galerie.

Hans portait le second appareil, qui fut également mis en activité. Cette ingénieuse application de l'électricité nous permettait d'aller longtemps en créant un jour artificiel, même au milieu des gaz les plus inflammables.

« En route ! » fit mon oncle.

Chacun reprit son ballot. Hans se chargea de pousser devant lui le paquet des cordages et des habits, et, moi troisième, nous entrâmes dans la galerie.

Au moment de m'engouffrer dans ce couloir obscur, je relevai la tête, et j'aperçus une dernière fois, par le champ de l'immense tube, ce ciel de l'Islande « que je ne devais plus jamais revoir. »

La lave, à la dernière éruption de 1229, s'était frayé un passage à travers ce tunnel. Elle tapissait l'intérieur d'un enduit épais et brillant ; la lumière électrique s'y réfléchissait en centuplant son intensité.

Toute la difficulté de la route consistait à ne pas glisser trop rapidement sur une pente inclinée à quarante-cinq degrés environ ; heureusement, certaines érosions, quelques boursouflures, tenaient lieu de marches, et nous n'avions qu'à descendre en laissant filer nos bagages retenus par une longue corde.

Mais ce qui se faisait marche sous nos pieds devenait stalactites sur les autres parois; la lave, poreuse en de certains endroits, présentait de petites ampoules arrondies; des cristaux de quartz opaque, ornés de limpides gouttes de verre et suspendus à la voûte comme des lustres, semblaient s'allumer à notre passage. On eût dit que les génies du gouffre illuminaient leur palais pour recevoir les hôtes de la terre.

« C'est magnifique! m'écriai-je involontairement. Quel spectacle, mon oncle! Admirez-vous ces nuances de la lave qui vont du rouge brun au jaune éclatant par dégradations insensibles? Et ces cristaux qui nous apparaissent comme des globes lumineux?

— Ah! tu y viens, Axel! répondit mon oncle. Ah! tu trouves cela splendide, mon garçon! Tu en verras bien d'autres, je l'espère. Marchons! marchons! »

Il aurait dit plus justement « glissons, » car nous nous laissions aller sans fatigue sur des pentes inclinées. C'était le « facilis descensus Averni », de Virgile. La boussole, que je consultais fréquemment, indiquait la direction du sud-est avec une imperturbable rigueur. Cette coulée de lave n'obliquait ni d'un côté ni de l'autre. Elle avait l'inflexibilité de la ligne droite.

Cependant la chaleur n'augmentait pas d'une façon sensible; cela donnait raison aux théories de Davy, et plus d'une fois je consultai le thermomètre avec étonnement. Deux heures après le départ, il ne marquait encore que 10°, c'est-à-dire un accroissement de 4°. Cela m'autorisait à penser que notre descente était plus horizontale que verticale. Quant à connaître exactement la profondeur atteinte, rien de plus facile. Le professeur mesurait exactement les angles de déviation et d'inclinaison de la route, mais il gardait pour lui le résultat de ses observations.

Le soir, vers huit heures, il donna le signal d'arrêt. Hans aussitôt s'assit; les lampes furent accrochées à une saillie de lave. Nous étions dans une sorte de caverne où l'air ne manquait pas. Au contraire. Certains souffles arrivaient jusqu'à nous. Quelle cause les produisait? A quelle agitation atmosphérique attribuer leur origine? C'est une question que je ne cherchai pas à résoudre en ce moment; la faim et la fatigue me rendaient incapable de raisonner. Une descente de sept heures consécutives ne se fait pas sans une grande dépense de forces. J'étais épuisé. Le mot halte me fit donc plaisir à entendre. Hans étala quelques provisions sur un bloc de lave, et chacun mangea avec appétit. Cependant une chose m'inquiétait; notre réserve d'eau était à demi consommée. Mon oncle comptait la refaire aux sources souterraines, mais jusqu'alors celles-ci manquaient absolument. Je ne pus m'empêcher d'attirer son attention sur ce sujet.

« Cette absence de sources te surprend? dit-il.

— Sans doute, et même elle m'inquiète; nous n'avons plus d'eau que pour cinq jours.

— Sois tranquille, Axel, je te réponds que nous trouverons de l'eau, et plus que nous n'en voudrons.

— Quand cela?

— Quand nous aurons quitté cette enveloppe de lave. Comment veux-tu que des sources jaillissent à travers ces parois?

— Mais peut-être cette coulée se prolonge-t-elle à de grandes profondeurs? Il me semble que nous n'avons pas encore fait beaucoup de chemin verticalement?

— Qui te fait supposer cela?

— C'est que si nous étions très avancés dans l'intérieur de l'écorce terrestre, la chaleur serait plus forte.

— D'après ton système, répondit mon oncle; et qu'indique le thermomètre?

— Quinze degrés à peine, ce qui ne fait qu'un accroissement de neuf degrés depuis notre départ.

— Eh bien, conclus.

— Voici ma conclusion. D'après les observations les plus exactes, l'augmentation de la température à l'intérieur du globe est d'un degré par cent pieds. Mais certaines conditions de localité peuvent modifier ce chiffre. Ainsi, à Yakoust en Sibérie, on a remarqué que l'accroissement d'un degré avait lieu par trente-six pieds ; cela dépend évidemment de la conductibilité des roches. J'ajouterai aussi que, dans le voisinage d'un volcan éteint, et à travers le gneiss, on a remarqué que l'élévation de la température était d'un degré seulement pour cent vingt-cinq pieds. Prenons donc cette dernière hypothèse, qui est la plus favorable, et calculons.

— Calcule, mon garçon.

— Rien n'est plus facile, dis-je en disposant des chiffres sur mon carnet. Neuf fois cent vingt-cinq pieds donnent onze cent vingt-cinq pieds de profondeur.

— Rien de plus exact.

— Eh bien ?

— Eh bien, d'après mes observations, nous sommes arrivés à dix mille pieds au-dessous du niveau de la mer.

— Est-il possible ?

— Oui, ou les chiffres ne sont plus les chiffres ! »

Les calculs du professeur étaient exacts ; nous avions déjà dépassé de six mille pieds les plus grandes profondeurs atteintes par l'homme, telles que les mines de Kitz-Bahl dans le Tyrol, et celles de Wuttemberg en Bohême.

La température, qui aurait dû être de quatre-vingt-un degrés en cet endroit, était de quinze à peine. Cela donnait singulièrement à réfléchir.

XIX

Le lendemain, mardi 30 juin, à six heures, la descente fut reprise.

Nous suivions toujours la galerie de lave, véritable rampe naturelle, douce comme ces plans inclinés qui remplacent encore l'escalier dans les vieilles maisons. Ce fut ainsi jusqu'à midi dix-sept minutes, instant précis où nous rejoignîmes Hans, qui venait de s'arrêter.

« Ah! s'écria mon oncle, nous sommes parvenus à l'extrémité de la cheminée. »

Je regardai autour de moi; nous étions au centre d'un carrefour, auquel deux routes venaient aboutir, toutes deux sombres et étroites. Laquelle convenait-il de prendre? Il y avait là une difficulté.

Cependant mon oncle ne voulut paraître hésiter ni devant moi ni devant le guide; il désigna le tunnel de l'est, et bientôt nous y étions enfoncés tous les trois.

D'ailleurs toute hésitation devant ce double chemin se serait prolongée indéfiniment, car nul indice ne pouvait déterminer le choix de l'un ou de l'autre ; il fallait s'en remettre absolument au hasard.

La pente de cette nouvelle galerie était peu sensible, et sa section fort inégale ; parfois une succession d'arceaux se déroulait devant nos pas comme les contre-nefs d'une cathédrale gothique ; les artistes du moyen âge auraient pu étudier là toutes les formes de cette architecture religieuse qui a l'ogive pour générateur. Un mille plus loin, notre tête se courbait sous les cintres surbaissés du style roman, et de gros piliers engagés dans le massif pliaient sous la retombée des voûtes. A de certains endroits, cette disposition faisait place à de basses substructions qui ressemblaient aux ouvrages des castors, et nous nous glissions en rampant à travers d'étroits boyaux.

La chaleur se maintenait à un degré supportable. Involontairement je songeais à son intensité, quand les laves vomies par le Sneffels se précipitaient par cette route si tranquille aujourd'hui. Je m'imaginais les torrents de feu brisés aux angles de la galerie et l'accumulation des vapeurs surchauffées dans cet étroit milieu !

« Pourvu, pensai-je, que le vieux volcan ne vienne pas à se reprendre d'une fantaisie tardive ! »

Ces réflexions, je ne les communiquai point à l'oncle Lidenbrock ; il ne les eût pas comprises. Son unique pensée était d'aller en avant. Il marchait, il glissait, il dégringolait même, avec une conviction qu'après tout il valait mieux admirer.

A six heures du soir, après une promenade peu fatigante, nous avions gagné deux lieues dans le sud, mais à peine un quart de mille en profondeur.

Mon oncle donna le signal du repos. On mangea sans trop causer, et l'on s'endormit sans trop réfléchir.

Nos dispositions pour la nuit étaient fort simples : une couverture de voyage dans laquelle on se roulait, composait toute la literie. Nous n'avions à redouter ni froid, ni visite importune. Les voyageurs qui s'enfoncent au milieu des déserts de l'Afrique, au sein des forêts du nouveau monde, sont forcés de se veiller les uns les autres pendant les heures du sommeil; mais ici, solitude absolue et sécurité complète. Sauvages ou bêtes féroces, aucune de ces races malfaisantes n'était à craindre.

On se réveilla le lendemain frais et dispos. La route fut reprise. Nous suivions un chemin de lave comme la veille. Impossible de reconnaître la nature des terrains qu'il traversait. Le tunnel, au lieu de s'enfoncer dans les entrailles du globe, tendait à devenir absolument horizontal. Je crus remarquer même qu'il remontait vers la surface de la terre. Cette disposition devint si manifeste vers dix heures du matin, et par suite si fatigante, que je fus forcé de modérer notre marche.

« Eh bien, Axel? dit impatiemment le professeur.

— Eh bien, je n'en peux plus, répondis-je.

— Quoi! après trois heures de promenade sur une route si facile!

— Facile, je ne dis pas non, mais fatigante à coup sûr.

— Comment! quand nous n'avons qu'à descendre!

— A monter, ne vous en déplaise!

— A monter! fit mon oncle en haussant les épaules.

— Sans doute. Depuis une demi-heure, les pentes se sont modifiées, et à les suivre ainsi, nous reviendrons certainement à la terre d'Islande. »

Le professeur remua la tête en homme qui ne veut pas être convaincu. J'essayai de reprendre la conversation. Il ne me répondit pas et donna le signal du départ. Je vis bien que son silence n'était que de la mauvaise humeur concentrée.

Cependant j'avais repris mon fardeau avec courage, et je suivais rapidement Hans, que précédait mon oncle. Je tenais à ne pas être distancé;

ma grande préoccupation était de ne point perdre mes compagnons de vue. Je frémissais à la pensée de m'égarer dans les profondeurs de ce labyrinthe.

D'ailleurs, la route ascendante devenait plus pénible, je m'en consolais en songeant qu'elle me rapprochait de la surface de la terre. C'était un espoir. Chaque pas le confirmait.

A midi un changement d'aspect se produisit dans les parois de la galerie. Je m'en aperçus à l'affaiblissement de la lumière électrique réfléchie par les murailles. Au revêtement de lave succédait la roche vive; le massif se composait de couches inclinées et souvent disposées verticalement. Nous étions en pleine époque de transition, en pleine période silurienne [1].

« C'est évident, m'écriai-je, les sédiments des eaux ont formé, à la seconde époque de la terre, ces schistes, ces calcaires et ces grès! Nous tournons le dos au massif granitique! Nous ressemblons à des gens de Hambourg, qui prendraient le chemin de Hanovre pour aller à Lubeck. »

J'aurais dû garder pour moi mes observations. Mais mon tempérament de géologue l'emporta sur la prudence, et l'oncle Lidenbrock entendit mes exclamations.

1. Ainsi nommée parce que les terrains de cette période sont fort étendus en Angleterre, dans les contrées habitées autrefois par la peuplade celtique des Silures.

« Qu'as-tu donc ? dit-il.

— Voyez ! répondis-je en lui montrant la succession variée des grès, des calcaires et les premiers indices des terrains ardoisés.

— Eh bien ?

— Nous voici arrivés à cette période pendant laquelle ont apparu les premières plantes et les premiers animaux !

— Ah ! tu penses ?

— Mais regardez, examinez, observez ! »

Je forçai le professeur à promener sa lampe sur les parois de la galerie. Je m'attendais à quelque exclamation de sa part. Mais, loin de là, il ne dit pas un mot, et continua sa route.

M'avait-il compris ou non ? Ne voulait-il pas convenir, par amour-propre d'oncle et de savant, qu'il s'était trompé en choisissant le tunnel de l'est, ou tenait-il à reconnaître ce passage jusqu'à son extrémité ? Il était évident que nous avions quitté la route des laves, et que ce chemin ne pouvait conduire au foyer du Sneffels.

Cependant je me demandai si je n'accordais pas une trop grande importance à cette modification des terrains. Ne me trompais-je pas moi-même ? Traversions-nous réellement ces couches de roches superposées au massif granitique ?

» Si j'ai raison, pensai-je, je dois trouver quelque débris de plante primitive, et il faudra bien se rendre à l'évidence. Cherchons. »

Je n'avais pas fait cent pas que des preuves incontestables s'offrirent à mes yeux. Cela devait être, car, à l'époque silurienne, les mers renfermaient plus de quinze cents espèces végétales ou animales. Mes pieds, habitués au sol dur des laves, foulèrent tout à coup une poussière faite de débris de plantes et de coquille. Sur les parois se voyaient distinctement des empreintes de fucus et de lycopodes; le professeur Lidenbrock ne pouvait s'y tromper; mais il fermait les yeux, j'imagine, et continuait son chemin d'un pas invariable.

C'était de l'entêtement poussé hors de toutes limites. Je n'y tins plus. Je ramassai une coquille parfaitement conservée, qui avait appartenu à un animal à peu près semblable au cloporte actuel; puis je rejoignis mon oncle et je lui dis :

« Voyez!

— Eh bien, répondit-il tranquillement, c'est la coquille d'un crustacé de l'ordre disparu des trilobites. Pas autre chose.

— Mais n'en concluez-vous pas?...

— Ce que tu conclus toi-même? Si. Parfaitement. Nous avons abandonné la couche de granit et la route des laves. Il est possible que je me sois trompé; mais je ne serai certain de mon erreur qu'au moment où j'aurai atteint l'extrémité de cette galerie.

— Vous avez raison d'agir ainsi, mon oncle,

et je vous approuverais fort si nous n'avions à craindre un danger de plus en plus menaçant.

— Et lequel ?

— Le manque d'eau.

— Eh bien ! nous nous rationnerons, Axel.

XX

En effet, il fallut se rationner. Notre provision ne pouvait durer plus de trois jours. C'est ce que je reconnus le soir au moment du souper. Et, fâcheuse expectative, nous avions peu d'espoir de rencontrer quelque source vive dans ces terrains de l'époque de transition.

Pendant toute la journée du lendemain la galerie déroula devant nos pas ses interminables arceaux. Nous marchions presque sans mot dire. Le mutisme de Hans nous gagnait.

La route ne montait pas, du moins d'une façon sensible ; parfois même elle semblait s'incliner. Mais cette tendance, peu marquée d'ailleurs, ne devait pas rassurer le professeur, car la nature des couches ne se modifiait pas, et la période de transition s'affirmait davantage.

La lumière électrique faisait splendidement étinceler les schistes, le calcaire et les vieux grès rouges des parois; on aurait pu se croire dans une tranchée ouverte au milieu du Devonshire, qui donna son nom à ce genre de terrains. Des spécimens de marbres magnifiques revêtaient les murailles, les uns, d'un gris agate avec des veines blanches capricieusement accusées, les autres, de couleur incarnat ou d'un jaune taché de plaques rouges, plus loin, des échantillons de ces griottes à couleurs sombres, dans lesquels le calcaire se relevait en nuances vives.

La plupart de ces marbres offraient des empreintes d'animaux primitifs; mais, depuis la veille, la création avait fait un progrès évident. Au lieu des trilobites rudimentaires, j'apercevais des débris d'un ordre plus parfait; entre autres, des poissons Ganoïdes et ces Sauroptéris dans lesquels l'œil du paléontologiste a su découvrir les premières formes du reptile. Les mers dévoniennes étaient habitées par un grand nombre d'animaux de cette espèce, et elles les déposèrent par milliers sur les roches de nouvelle formation.

Il devenait évident que nous remontions l'échelle de la vie animale dont l'homme occupe le sommet. Mais le professeur Lidenbrock ne paraissait pas y prendre garde.

Il attendait deux choses : ou qu'un puits vertical vînt à s'ouvrir sous ses pieds et lui permettre de reprendre sa descente; ou qu'un obstacle l'empêchât de continuer cette route. Mais le soir arriva sans que cette espérance se fût réalisée.

Le vendredi, après une nuit pendant laquelle je commençai à ressentir les tourments de la soif, notre petite troupe s'enfonça de nouveau dans les détours de la galerie.

Après dix heures de marche, je remarquai que la réverbération de nos lampes sur les parois diminuait singulièrement. Le marbre, le schiste, le calcaire, les grès des murailles, faisaient place à un revêtement sombre et sans éclat. A un moment où le tunnel devenait fort étroit, je m'appuyai sur sa paroi.

Quand je retirai ma main, elle était entièrement noire. Je regardai de plus près. Nous étions en pleine houillère.

« Une mine de charbon! m'écriai-je.

— Une mine sans mineurs, répondit mon oncle.

— Eh! qui sait?

— Moi, je sais, répliqua le professeur d'un ton bref, et je suis certain que cette galerie percée à travers ces couches de houille n'a pas été faite de la main des hommes. Mais que ce soit ou non l'ouvrage de la nature, cela m'importe peu. L'heure du souper est venue. Soupons. »

Hans, prépara quelques aliments. Je mangeai à peine, et je bus les quelques gouttes d'eau qui formaient ma ration. La gourde du guide à demi pleine, voilà tout ce qui restait pour désaltérer trois hommes.

Après leur repas, mes deux compagnons s'étendirent sur leurs couvertures et trouvèrent dans le sommeil un remède à leurs fatigues. Pour moi, je ne pus dormir, et je comptai les heures jusqu'au matin.

Le samedi, à six heures, on repartit. Vingt minutes plus tard, nous arrivions à une vaste excavation; je reconnus alors que la main de l'homme ne pouvait pas avoir creusé cette houillère; les voûtes en eussent été étançonnées, et véritablement elles ne se tenaient que par un miracle d'équilibre.

Cette espèce de caverne comptait cent pieds de largeur sur cent cinquante de hauteur. Le terrain avait été violemment écarté par une commotion souterraine. Le massif terrestre, cédant à quelque puissante poussée, s'était disloqué, laissant ce large vide où des habitants de la terre pénétraient pour la première fois.

Toute l'histoire de la période houillère était écrite sur ces sombres parois, et un géologue en pouvait suivre facilement les phases diverses. Les lits de charbon étaient séparés par des strates de grès ou d'argile compacts, et comme écrasés par les couches supérieures.

A cet âge du monde qui précéda l'époque secondaire, la terre se recouvrit d'immenses végétations dues à la double action d'une chaleur tropicale et d'une humidité persistante. Une atmosphère de vapeurs enveloppait le globe de toutes parts, lui dérobant encore les rayons du soleil.

De là cette conclusion que les hautes températures ne provenaient pas de ce foyer nouveau; peut-être même l'astre du jour n'était-il pas prêt à jouer son rôle éclatant. Les « climats » n'existaient pas encore, et une chaleur torride se répandait à la surface entière du globe, égale à l'Équateur et aux pôles. D'où venait-elle? De l'intérieur du globe.

En dépit des théories du professeur Lidenbrock, un feu violent couvait dans les entrailles du sphéroïde; son action se faisait sentir jusqu'aux dernières couches de l'écorce terrestre; les plantes, privées des bienfaisantes effluves du soleil, ne donnaient ni fleurs ni parfums, mais leurs racines puisaient une vie forte dans les terrains brûlants des premiers jours.

Il y avait peu d'arbres, des plantes herbacées seulement, d'immenses gazons, des fougères, des lycopodes, des sigillaires, des astérophylites, familles rares dont les espèces se comptaient alors par milliers.

Or c'est précisément à cette exubérante végétation que la houille doit son origine. L'écorce encore élastique du globe obéissait aux mouvements de la masse liquide qu'elle recouvrait. De là des fissures, des affaissements nombreux ; les plantes, entraînées sous les eaux, formèrent peu à peu des amas considérables.

Alors intervint l'action de la chimie naturelle, au fond des mers, les masses végétales se firent tourbe d'abord ; puis, grâce à l'influence des gaz, et sous le feu de la fermentation, elles subirent une minéralisation complète.

Ainsi se formèrent ces immenses couches de charbon que la consommation de tous les peuples, pendant de longs siècles encore, ne parviendra pas à épuiser.

Ces réflexions me revenaient à l'esprit pendant que je considérais les richesses houillères accumulées dans cette portion du massif terrestre. Celles-ci, sans doute, ne seront jamais mises à découvert. L'exploitation de ces mines reculées demanderait des sacrifices trop considérables. A quoi bon, d'ailleurs, quand la houille est répandue pour ainsi dire à la surface de la terre dans un grand nombre de contrées? Aussi, telles je voyais ces couches intactes, telles elles seraient encore lorsque sonnerait la dernière heure du monde.

Cependant nous marchions, et seul de mes compagnons j'oubliais la longueur de la route pour me perdre au milieu de considérations géologiques. La température restait sensiblement ce qu'elle était pendant notre passage au milieu des laves et des schistes. Seulement, mon odorat était affecté par une odeur fort prononcée de protocarbure d'hydrogène. Je reconnus immédiatement, dans cette galerie, la présence d'une notable quantité de ce fluide dangereux auquel les mineurs ont donné le nom de grisou, et dont l'explosion a si souvent causé d'épouvantables catastrophes.

Heureusement nous étions éclairés par les ingénieux appareils de Ruhmkorff. Si, par malheur, nous avions imprudemment exploré cette galerie la torche à la main, une explosion terrible eût fini le voyage en supprimant les voyageurs.

Cette excursion dans la houillère dura jusqu'au soir. Mon oncle contenait à peine l'impatience que lui causait l'horizontalité de la route. Les ténèbres, toujours profondes à vingt pas, empêchaient d'estimer la longueur de la galerie, et je commençai à la croire interminable, quand soudain, à six heures, un mur se présenta inopinément à nous. A droite, à gauche, en haut, en bas, il n'y avait aucun passage. Nous étions arrivés au fond d'une impasse.

« Eh bien! tant mieux! s'écria mon oncle, je sais au moins à quoi m'en tenir. Nous ne sommes pas sur la route de Saknussemm, et il ne reste plus qu'à revenir en arrière. Prenons une nuit de repos, et avant trois jours nous aurons regagné le point où les deux galeries se bifurquent.

— Oui, dis-je, si nous en avons la force !

— Et pourquoi non ?

— Parce que, demain, l'eau manquera tout à fait.

— Et le courage manquera-t-il aussi ? fit le professeur en me regardant d'un œil sévère. »

Je n'osai lui répondre.

XXI

Le lendemain le départ eut lieu de grand matin. Il fallait se hâter. Nous étions à cinq jours de marche du carrefour.

Je ne m'appesantirai pas sur les souffrances de notre retour. Mon oncle les supporta avec la colère d'un homme qui ne se sent pas le plus fort; Hans avec la résignation de sa nature pacifique; moi, je l'avoue, me plaignant et me désespérant; je ne pouvais avoir de cœur contre cette mauvaise fortune.

Ainsi que je l'avais prévu, l'eau fit tout à fait défaut à la fin du premier jour de marche; notre provision liquide se réduisit alors à du genièvre; mais cette infernale liqueur brûlait le gosier, et je ne pouvais même en supporter la vue. Je trouvais la température étouffante; la fatigue me paralysait. Plus d'une fois, je faillis tomber sans mouvement. On faisait halte alors; mon oncle ou l'Islandais me réconfortaient de leur mieux. Mais je voyais déjà que le premier réagissait péniblement contre l'extrême fatigue et les tortures nées de la privation d'eau.

Enfin, le mardi, 8 juillet, en nous traînant sur les genoux, sur les mains, nous arrivâmes à demi morts au point de jonction des deux galeries. Là je demeurai comme une masse inerte, étendu sur le sol de lave. Il était dix heures du matin.

Hans et mon oncle, accotés à la paroi, essayèrent de grignoter quelques morceaux de biscuit. De longs gémissements s'échappaient de mes lèvres tuméfiées. Je tombai dans un profond assoupissement.

Au bout de quelque temps, mon oncle s'approcha de moi et me souleva entre ses bras :

« Pauvre enfant! » murmura-t-il avec un véritable accent de pitié.

Je fus touché de ces paroles, n'étant pas habitué aux tendresses du farouche professeur. Je saisis ses mains frémissantes dans les miennes. Il se laissa faire en me regardant. Ses yeux étaient humides.

Je le vis alors prendre la gourde suspendue à son côté A ma grande stupéfaction, il l'approcha de mes lèvres :

« Bois, » fit-il.

Avais-je bien entendu? Mon oncle était-il fou? Je le regardais d'un air hébété. Je ne voulais pas le comprendre.

« Bois, » reprit-il.

Et relevant sa gourde, il la vida tout entière entre mes lèvres.

Oh! jouissance infinie! une gorgée d'eau vint humecter ma bouche en feu, une seule, mais elle suffit à rappeler en moi la vie qui s'échappait.

Je remerciai mon oncle en joignant les mains.

« Oui, fit-il, une gorgée d'eau! la dernière! entends-tu bien? la dernière! Je l'avais précieusement gardée au fond de ma gourde. Vingt fois, cent fois, j'ai dû résister à mon effrayant désir de la boire! Mais non, Axel, je la réservais pour toi.

— Mon oncle! murmurai-je pendant que de grosses larmes mouillaient mes yeux.

— Oui, pauvre enfant, je savais qu'à ton arrivée à ce carrefour, tu tomberais à demi mort, et j'ai conservé mes dernières gouttes d'eau pour te ranimer.

— Merci! merci! » m'écriai-je.

Si peu que ma soif fut apaisée, j'avais cependant retrouvé quelque force. Les muscles de mon gosier, contractés jusqu'alors, se détendaient; l'inflammation de mes lèvres s'était adoucie. Je pus parler.

« Voyons, dis-je, nous n'avons maintenant qu'un parti à prendre; l'eau nous manque; il faut revenir sur nos pas. »

Pendant que je parlais ainsi, mon oncle évitait de me regarder; il baissait la tête; ses yeux fuyaient les miens.

« Il faut revenir, m'écriai-je, et reprendre le chemin du Sneffels. Que Dieu nous donne la force de remonter jusqu'au sommet du cratère!

Revenir! fit mon oncle, comme s'il répondait plutôt à lui qu'à moi-même.

— Oui, revenir, et sans perdre un instant. »

Il y eut un moment de silence assez long.

« Ainsi donc, Axel, reprit le professeur d'un ton bizarre, ces quelques gouttes d'eau ne t'ont pas rendu le courage et l'énergie?

— Le courage!

— Je te vois abattu comme avant, et faisant encore entendre des paroles de désespoir! »

A quel homme avais-je affaire et quels projets son esprit audacieux formait-il encore?

« Quoi vous ne voulez pas?...

— Renoncer à cette expédition, au moment où tout annonce qu'elle peut réussir! Jamais!

— Alors il faut se résigner à périr?

— Non, Axel, non! pars. Je ne veux pas ta mort! Que Hans t'accompagne. Laisse-moi seul!

— Vous abandonner!

— Laisse-moi, te dis-je! J'ai commencé ce

voyage ; je l'accomplirai jusqu'au bout, ou je n'en reviendrai pas. Va-t'en, Axel, va-t'en ! »

Mon oncle parlait avec une extrême surexcitation. Sa voix, un instant attendrie, redevenait dure et menaçante. Il luttait avec une sombre énergie contre l'impossible ! Je ne voulais pas l'abandonner au fond de cet abîme, et, d'un autre côté, l'instinct de la conservation me poussait à le fuir.

Le guide suivait cette scène avec son indifférence accoutumée. Il comprenait cependant ce qui se passait entre ses deux compagnons; nos gestes indiquaient assez la voie différente où chacun de nous essayait d'entraîner l'autre ; mais Hans semblait s'intéresser peu à la question dans laquelle son existence se trouvait en jeu, prêt à partir si l'on donnait le signal du départ, prêt à rester à la moindre volonté de son maître.

Que ne pouvais-je en cet instant me faire entendre de lui ! Mes paroles, mes gémissements, mon accent, auraient eu raison de cette froide nature. Ces dangers que le guide ne paraissait pas soupçonner, je les lui eusse fait comprendre et toucher du doigt. A nous deux nous aurions peut-être convaincu l'entêté professeur. Au besoin, nous l'aurions contraint à regagner les hauteurs du Sneffels !

Je m'approchai de Hans. Je mis ma main sur la sienne. Il ne bougea pas. Je lui montrai la route du cratère. Il demeura immobile. Ma figure haletante disait toutes mes souffrances. L'Islandais remua doucement la tête, et désignant tranquillement mon oncle :

« Master », fit-il.

— Le maître, m'écriai-je ! insensé ! non, il n'est pas le maître de ta vie ! il faut fuir ! il faut l'entraîner ! m'entends-tu ! mé comprends-tu ? »

J'avais saisi Hans par le bras. Je voulais l'obliger à se lever. Je luttais avec lui. Mon oncle intervint.

« Du calme, Axel, dit-il. Tu n'obtiendras rien de cet impassible serviteur. Ainsi, écoute ce que j'ai à te proposer. »

Je me croisai les bras, en regardant mon oncle bien en face.

« Le manque d'eau, dit-il, met seul obstacle à l'accomplissement de mes projets. Dans cette galerie de l'est, faite de laves, de schistes, de houilles, nous n'avons pas rencontré une seule molécule liquide. Il est possible que nous soyons plus heureux en suivant le tunnel de l'ouest. »

Je secouai la tête avec un air de profonde incrédulité.

« Écoute-moi jusqu'au bout, reprit le professeur en forçant la voix. Pendant que tu gisais là sans mouvement, j'ai été reconnaître la conformation de cette galerie. Elle s'enfonce directement dans les entrailles du globe, et, en peu d'heures, elle nous conduira au massif granitique. Là nous devons rencontrer des sources abondantes. La nature de la roche le veut ainsi, et l'instinct est d'accord avec la logique pour appuyer ma conviction. Or, voici ce que j'ai à te proposer. Quand Colomb a demandé trois jours à ses équipages pour trouver les terres nouvelles, ses équipages, malades, épouvantés, ont cependant fait droit à sa demande, et il a découvert le nouveau monde. Moi, le Colomb de ces régions souterraines, je ne te demande qu'un jour encore. Si, ce temps écoulé, je n'ai pas rencontré l'eau qui nous manque, je te le jure, nous reviendrons à la surface de la terre. »

En dépit de mon irritation, je fus ému de ces paroles et de la violence que se faisait mon oncle pour tenir un pareil langage.

« Eh bien! m'écriai-je, qu'il soit fait comme vous le désirez, et que Dieu récompense votre énergie surhumaine. Vous n'avez plus que quelques heures à tenter le sort! En route! »

XXII

La descente recommença cette fois par la nouvelle galerie. Hans marchait en avant, selon son habitude. Nous n'avions pas fait cent pas, que le professeur, promenant sa lampe le long des murailles, s'écriait :

« Voilà les terrains primitifs! nous sommes dans la bonne voie! marchons! marchons!

Lorsque la terre se refroidit peu à peu aux premiers jours du monde, la diminution de son volume produisit dans l'écorce des dislocations, des ruptures, des retraits, des fendilles. Le couloir actuel était une fissure de ce genre, par laquelle s'épanchait autrefois le granit éruptif; ses mille détours formaient un inextricable labyrinthe à travers le sol primordial.

A mesure que nous descendions, la succession des couches composant le terrain primitif apparaissait avec plus de netteté. La science géologique considère ce terrain primitif comme la base de l'écorce minérale, et elle a reconnu qu'il se compose de trois couches différentes, les schistes, les gneiss, les micaschistes, reposant sur cette roche inébranlable qu'on appelle le granit.

Or, jamais minéralogistes ne s'étaient rencontrés dans des circonstances aussi merveilleuses pour étudier la nature sur place. Ce que la sonde, machine inintelligente et brutale, ne pouvait rapporter à la surface du globe de sa texture interne, nous allions l'étudier de nos yeux, le toucher de nos mains.

A travers l'étage des schistes colorés de belles

nuances vertes serpentaient des filons métalliques de cuivre, de manganèse avec quelques traces de platine et d'or. Je songeais à ces richesses enfouies dans les entrailles du globe et dont l'avidité humaine n'aura jamais la jouissance! Ces trésors, les bouleversements des premiers jours les ont enterrés à de telles profondeurs, que ni la pioche, ni le pic ne sauront les arracher à leur tombeau.

Aux schistes succédèrent les gneiss, d'une structure stratiforme, remarquables par la régularité et le parallélisme de leurs feuillets, puis, les micaschistes disposés en grandes lamelles rehaussées à l'œil par les scintillations du mica blanc.

La lumière des appareils, répercutée par les petites facettes de la masse rocheuse, croisait ses jets de feu sous tous les angles, et je m'imaginais voyager à travers un diamant creux, dans lequel les rayons se brisaient en mille éblouissements.

Vers six heures du soir, cette fête de la lumière vint à diminuer sensiblement, presque à cesser; les parois prirent une teinte cristallisée, mais sombre; le mica se mélangea plus intimement au feldspath et au quartz, pour former la roche par excellence, la pierre dure entre toutes, celle qui supporte, sans en être écrasée, les quatre étages de terrain du globe. Nous étions murés dans l'immense prison de granit.

Il était huit heures du soir. L'eau manquait toujours. Je souffrais horriblement. Mon oncle marchait en avant. Il ne voulait pas s'arrêter. Il tendait l'oreille pour surprendre les murmures de quelque source. Mais rien.

Cependant mes jambes refusaient de me porter. Je résistais à mes tortures pour ne pas obliger mon oncle à faire halte. C'eût été pour lui le coup du désespoir, car la journée finissait, la dernière qui lui appartînt.

Enfin mes forces m'abandonnèrent; je poussai un cri et je tombai.

« A moi! je meurs! »

Mon oncle revint sur ses pas. Il me considéra en croisant ses bras; puis ces paroles sourdes sortirent de ses lèvres :

« Tout est fini! »

Un effrayant geste de colère frappa une dernière fois mes regards, et je fermai les yeux.

Lorsque je les rouvris, j'aperçus mes deux compagnons immobiles et roulés dans leur couverture. Dormaient-ils? Pour mon compte, je ne pouvais trouver un instant de sommeil. Je souffrais trop, et surtout de la pensée que mon mal devait être sans remède. Les dernières paroles de mon oncle retentissaient dans mon oreille. « Tout était fini! » car dans un pareil état de faiblesse il ne fallait même pas songer à regagner la surface du globe.

JE M'IMAGINAIS VOYAGER A TRAVERS UN DIAMANT. (PAGE 175.)

Il y avait une lieue et demie d'écorce terrestre! Il me semblait que cette masse pesait de tout son poids sur mes épaules. Je me sentais écrasé et je m'épuisais en efforts violents pour me retourner sur ma couche de granit.

Quelques heures se passèrent. Un silence profond régnait autour de nous, un silence de tombeau. Rien n'arrivait à travers ces murailles dont la plus mince mesurait cinq milles d'épaisseur.

Cependant, au milieu de mon assoupissement, je crus entendre un bruit; l'obscurité se faisait dans le tunnel. Je regardai plus attentivement, et il me sembla voir l'Islandais qui disparaissait, la lampe à la main.

Pourquoi ce départ? Hans nous abandonnait-il? Mon oncle dormait. Je voulus crier. Ma voix ne put trouver passage entre mes lèvres desséchées. L'obscurité était devenue profonde, et les derniers bruits venaient de s'éteindre.

« Hans nous abandonne! m'écriai-je. Hans! Hans! »

Ces mots, je les criais en moi-même. Ils n'allaient pas plus loin. Cependant, après le premier instant de terreur, j'eus honte de mes soupçons contre un homme dont la conduite n'avait rien eu jusque-là de suspect. Son départ ne pouvait être une fuite. Au lieu de remonter la galerie, il la descendait. De mauvais desseins l'eussent entraîné en haut, non en bas. Ce raisonnement me calma un peu, et je revins à un autre ordre d'idées. Hans, cet homme paisible, un motif grave avait pu seul l'arracher à son repos. Allait-il donc à la découverte? Avait-il entendu pendant la nuit silencieuse quelque murmure dont la perception n'était pas arrivée jusqu'à moi?

XXIII

Pendant une heure j'imaginai dans mon cerveau en délire toutes les raisons qui avaient pu faire agir le tranquille chasseur. Les idées les plus absurdes s'enchevêtrèrent dans ma tête. Je crus que j'allais devenir fou!

Mais enfin un bruit de pas se produisit dans les profondeurs du gouffre. Hans remontait. La lumière incertaine commençait à glisser sur les parois, puis elle déboucha par l'orifice du couloir. Hans parut.

Il s'approcha de mon oncle, lui mit la main sur l'épaule et l'éveilla doucement. Mon oncle se leva.

« Qu'est-ce donc ? fit-il.

— « Vatten, » répondit le chasseur.

Il faut croire que, sous l'inspiration des violentes douleurs, chacun devient polyglotte. Je ne savais pas un seul mot de danois, et cependant je compris d'instinct le mot de notre guide.

« De l'eau! de l'eau! m'écriai-je en battant des mains, en gesticulant comme un insensé.

— De l'eau! répétait mon oncle. « Hvar? » demanda-t-il à l'Islandais.

— « Nedat, » répondit Hans.

Où? En bas! Je comprenais tout. J'avais saisi les mains du chasseur, et je les pressais, tandis qu'il me regardait avec calme.

Les préparatifs du départ ne furent pas longs, et bientôt nous descendions un couloir dont la pente atteignait deux pieds par toise.

Une heure plus tard, nous avions fait mille toises environ et descendu deux mille pieds.

En ce moment, nous entendions distinctement un son inaccoutumé courir dans les flancs de la muraille granitique, une sorte de mugissement sourd, comme un tonnerre éloigné. Pendant cette première demi-heure de marche, ne rencontrant point la source annoncée, je sentais les angoisses me reprendre; mais alors mon oncle m'apprit l'origine des bruits qui se produisaient.

« Hans ne s'est pas trompé, » dit-il, ce que tu entends là, c'est le mugissement d'un torrent

— Un torrent? m'écriai-je.

— Il n'y a pas à en douter. Un fleuve souterrain circule autour de nous! »

Nous hâtâmes le pas, surexcités par l'espérance. Je ne sentais plus ma fatigue. Ce bruit d'une eau murmurante me rafraichissait déjà; le torrent, après s'être longtemps soutenu au-dessus de notre tête, courait maintenant dans la paroi de gauche, mugissant et bondissant. Je passais fréquemment ma main sur le roc, espérant y trouver des traces de suintement ou d'humidité. Mais en vain.

Une demi-heure s'écoula encore. Une demi-lieue fut encore franchie.

Il devint alors évident que le chasseur, pendant son absence, n'avait pu prolonger ses recherches au delà. Guidé par un instinct particulier aux montagnards, aux hydroscopes, il « sentit » ce torrent à travers le roc, mais certainement il n'avait point vu le précieux liquide: il ne s'y était pas désaltéré.

Bientôt même il fut constant que, si notre marche continuait, nous nous éloignerions du torrent dont le murmure tendait à diminuer.

On rebroussa chemin. Hans s'arrêta à l'endroit précis où le torrent semblait être le plus rapproché.

Je m'assis près de la muraille, tandis que les eaux couraient à deux pieds de moi avec une violence extrême. Mais un mur de granit nous en séparait encore.

Sans réfléchir, sans me demander si quelque

moyen n'existait pas de se procurer cette eau, je me laissai aller à un premier moment de désespoir.

Hans me regarda et je crus voir un sourire apparaître sur ses lèvres.

Il se leva et prit la lampe. Je le suivis. Il se dirigea vers la muraille. Je le regardai faire. Il colla son oreille sur la pierre sèche, et la promena lentement en écoutant avec le plus grand soin. Je compris qu'il cherchait le point précis où le torrent se faisait entendre plus bruyamment. Ce point, il le rencontra dans la paroi latérale de gauche, à trois pieds au-dessus du sol.

Combien j'étais ému! Je n'osais deviner ce que voulait faire le chasseur! Mais il fallut bien le comprendre et l'applaudir, et le presser de mes caresses, quand je le vis saisir son pic pour attaquer la roche elle-même.

« Sauvés! m'écriai-je, sauvés!

— Oui, répétait mon oncle avec frénésie, Hans a raison! Ah! le brave chasseur! Nous n'aurions pas trouvé cela! »

Je le crois bien! Un pareil moyen, quelque simple qu'il fût, ne nous serait pas venu à l'esprit. Rien de plus dangereux que de donner un coup de pioche dans cette charpente du globe. Et si quelque éboulement allait se produire qui nous écraserait! Et si le torrent, se faisant jour à travers le roc, allait nous envahir! Ces dangers n'avaient rien de chimérique; mais alors les craintes d'éboulement ou d'inondation ne pouvaient nous arrêter, et notre soif était si intense que, pour l'apaiser, nous eussions creusé au lit même de l'Océan.

Hans se mit à ce travail, que ni mon oncle ni moi nous n'eussions accompli. L'impatience emportant notre main, la roche eût volé en éclats sous ses coups précipités. Le guide, au contraire, calme et modéré, usa peu à peu le rocher par une série de petits coups répétés, creusant une ouverture large d'un demi-pied. J'entendais le bruit du torrent s'accroître, et je croyais déjà sentir l'eau bienfaisante rejaillir sur mes lèvres.

Bientôt le pic s'enfonça de deux pieds dans la muraille de granit; le travail durait depuis plus d'une heure; je me tordais d'impatience! Mon oncle voulait employer les grands moyens. J'eus de la peine à l'arrêter, et déjà il saisissait son pic, quand soudain un sifflement se fit entendre. Un jet d'eau s'élança de la muraille et vint se briser sur la paroi opposée.

Hans, à demi renversé par le choc, ne put retenir un cri de douleur. Je compris pourquoi lorsque, plongeant mes mains dans le jet liquide, je poussai à mon tour une violente exclamation: la source était bouillante.

« De l'eau à cent degrés! m'écriai-je.

— Eh bien, elle refroidira, » répondit mon oncle.

Le couloir s'emplissait de vapeurs, tandis qu'un ruisseau se formait et allait se perdre dans les sinuosités souterraines; bientôt après, nous y puisions notre première gorgée.

Ah! quelle jouissance! quelle incomparable volupté! Qu'était cette eau? D'où venait-elle? Peu importait. C'était de l'eau, et, quoique chaude encore, elle ramenait au cœur la vie prête à s'échapper. Je buvais sans m'arrêter, sans goûter même.

Ce ne fut qu'après une minute de délectation que je m'écriai :

« Eh! mais c'est de l'eau ferrugineuse!

— Excellente pour l'estomac, répliqua mon oncle, et d'une haute minéralisation! Voilà un voyage qui vaudra celui de Spa ou de Tœplitz!

— Ah! que c'est bon!

— Je le crois bien, une eau puisée à deux lieues sous terre; elle a un goût d'encre qui n'a rien de désagréable. Une fameuse ressource que Hans nous a procurée là! Aussi je propose de donner son nom à ce ruisseau salutaire.

— Bien! » m'écriai-je.

Et le nom de « Hans-bach » fut aussitôt adopté.

Hans n'en fut pas plus fier. Après s'être modérément rafraîchi, il s'accota dans un coin avec son calme accoutumé.

« Maintenant, dis-je, il ne faudrait pas laisser perdre cette eau.

— A quoi bon? répondit mon oncle, je soupçonne la source d'être intarissable.

— Qu'importe! remplissons l'outre et les gourdes, puis nous essayerons de boucher l'ouverture. »

Mon conseil fut suivi. Hans, au moyen d'éclats de granit et d'étoupe, essaya d'obstruer l'entaille faite à la paroi. Ce ne fut pas chose facile. On se brûlait les mains sans y parvenir; la pression était trop considérable, et nos efforts demeurèrent infructueux.

« Il est évident, dis-je, que les nappes supérieures de ce cours d'eau sont situées à une grande hauteur, à en juger par la force du jet.

— Cela n'est pas douteux, répliqua mon oncle, il y a là mille atmosphères de pression, si cette colonne d'eau a trente-deux mille pieds de hauteur. Mais il me vient une idée.

— Laquelle?

— Pourquoi nous entêter à boucher cette ouverture?

— Mais, parce que... »

J'aurais été embarrassé de trouver une bonne raison.

« Quand nos gourdes seront vides, sommes-nous assurés de trouver à les remplir?

— Non, évidemment.

— Eh bien, laissons couler cette eau : elle descendra naturellement et guidera ceux qu'elle rafraîchira en route!

« — Voilà qui est bien imaginé! m'écriai-je, et avec ce ruisseau pour compagnon, il n'y a plus aucune raison pour ne pas réussir dans nos projets.

— Ah! tu y viens, mon garçon, dit le professeur en riant.

— Je fais mieux que d'y venir, j'y suis.

— Un instant! Commençons par prendre quelques heures de repos. »

J'oubliais vraiment qu'il fit nuit. Le chronomètre se chargea de me l'apprendre. Bientôt chacun de nous, suffisamment restauré et rafraîchi, s'endormit d'un profond sommeil.

XXIV

Le lendemain nous avions déjà oublié nos douleurs passées. Je m'étonnai tout d'abord de n'avoir plus soif, et j'en demandai la raison. Le ruisseau qui coulait à mes pieds en murmurant se chargea de me répondre.

On déjeuna et l'on but de cette excellente eau ferrugineuse. Je me sentais tout ragaillardi et décidé à aller loin. Pourquoi un homme convaincu comme mon oncle ne réussirait-il pas, avec un guide industrieux comme Hans, et un neveu « déterminé » comme moi ? Voilà les belles idées qui se glissaient dans mon cerveau! On m'eût proposé de remonter à la cime du Sneffels que j'aurais refusé avec indignation.

Mais il n'était heureusement question que de descendre.

« Partons! » m'écriai-je en éveillant par mes accents enthousiastes les vieux échos du globe.

La marche fut reprise le jeudi à huit heures du matin. Le couloir de granit, se contournant en sinueux détours, présentait des coudes inattendus, et affectait l'imbroglio d'un labyrinthe; mais, en somme, sa direction principale était toujours le sud-est. Mon oncle ne cessait de consulter avec le plus grand soin sa boussole, pour se rendre compte du chemin parcouru.

La galerie s'enfonçait presque horizontalement, avec deux pouces de pente par toise, tout au plus. Le ruisseau courait sans précipitation en murmurant sous nos pieds. Je le comparais à quelque génie familier qui nous guidait à travers la terre, et de la main je caressais la tiède naïade dont les chants accompagnaient nos pas. Ma bonne humeur prenait volontiers une tournure mythologique.

Quant à mon oncle, il pestait contre l'horizontalité de la route, lui, « l'homme des verticales ». Son chemin s'allongeait indéfiniment, et au lieu de glisser le long du rayon terrestre, suivant son expression, il s'en allait par l'hypothénuse. Mais nous n'avions pas le choix, et tant que l'on gagnait vers le centre, si peu que ce fût, il ne fallait pas se plaindre.

D'ailleurs, de temps à autre, les pentes s'abaissaient; la naïade se mettait à dégringoler en mugissant, et nous descendions plus profondément avec elle.

En somme, ce jour-là et le lendemain, on fit beaucoup de chemin horizontal, et relativement peu de chemin vertical.

Le vendredi soir, 10 juillet, d'après l'estime, nous devions être à trente lieues au sud-est de Reykjawik et à une profondeur de deux lieues et demie.

Sous nos pieds s'ouvrit alors un puits assez effrayant. Mon oncle ne put s'empêcher de battre des mains en calculant la roideur de ses pentes.

« Voilà qui nous mènera loin, s'écria-t-il, et facilement, car les saillies du roc font un véritable escalier! »

Les cordes furent disposées par Hans de manière à prévenir tout accident. La descente commença. Je n'ose l'appeler périlleuse, car j'étais déjà familiarisé avec ce genre d'exercice.

Ce puits était une fente étroite pratiquée dans le massif, du genre de celles qu'on appelle « faille »; la contraction de la charpente terrestre, à l'époque de son refroidissement, l'avait évidemment produite. Si elle servit autrefois de passage aux matières éruptives vomies par le Sneffels, je ne m'expliquais pas comment celles-ci n'y laissèrent aucune trace. Nous descendions une sorte de vis tournante qu'on eût cru faite de la main des hommes.

De quart d'heure en quart d'heure, il fallait s'arrêter pour prendre un repos nécessaire et rendre à nos jarrets leur élasticité. On s'asseyait alors sur quelque saillie, les jambes pendantes, on causait en mangeant, et l'on se désaltérait au ruisseau.

Il va sans dire que, dans cette faille, le Hans bach s'était fait cascade au détriment de son volume; mais il suffisait et au delà à étancher notre soif; d'ailleurs, avec les déclivités moins accusées, il ne pouvait manquer de reprendre son cours paisible. En ce moment il me rappelait mon digne oncle, ses impatiences et ses colères, tandis que, par les pentes adoucies, c'était le calme du chasseur islandais.

Le 6 et le 7 juillet, nous suivîmes les spirales de cette faille, pénétrant encore de deux lieues dans l'écorce terrestre, ce qui faisait près de cinq lieues au-dessous du niveau de la mer. Mais, le 8, vers midi, la faille prit, dans la direction du sud-est, une inclinaison beaucoup plus douce, environ quarante-cinq degrés.

Le chemin devint alors aisé et d'une parfaite

monotonie. Il était difficile qu'il en fût autrement. Le voyage ne pouvait être varié par les incidents du paysage.

Enfin, le mercredi 15, nous étions à sept lieues sous terre et à cinquante lieues environ du Sneffels. Bien que nous fussions un peu fatigués, nos santés se maintenaient dans un état rassurant, et la pharmacie de voyage était encore intacte.

Mon oncle tenait heure par heure les indications de la boussole, du chronomètre, du manomètre et du thermomètre, celles-là même qu'il a publiées dans le récit scientifique de son voyage. Il pouvait donc se rendre facilement compte de sa situation. Lorsqu'il m'apprit que nous étions à une distance horizontale de cinquante lieues, je ne pus retenir une exclamation.

« Qu'as-tu donc ? demanda-t-il.

— Rien, seulement je fais une réflexion.

— Laquelle, mon garçon ?

— C'est que, si vos calculs sont exacts, nous ne sommes plus sous l'Islande.

— Crois-tu ?

— Il est facile de nous en assurer. »

Je pris mes mesures au compas sur la carte.

« Je ne me trompais pas, dis-je ; nous avons dépassé le cap Portland, et ces cinquante lieues dans le sud-est nous mettent en pleine mer.

— Sous la pleine mer, répliqua mon oncle en se frottant les mains.

« — Ainsi, m'écriai-je, l'Océan s'étend au-dessus de notre tête !

— Bah ! Axel, rien de plus naturel ! N'y a-t-il pas à Newcastle des mines de charbon qui s'avancent sous les flots ? »

Le professeur pouvait trouver cette situation fort simple ; mais la pensée de me promener sous la masse des eaux ne laissa pas de me préoccuper. Et cependant, que les plaines et les montagnes de l'Islande fussent suspendues sur notre tête, ou les flots de l'Atlantique, cela différait peu, en somme, du moment que la charpente granitique était solide. Du reste, je m'habituai promptement à cette idée, car le couloir, tantôt droit, tantôt sinueux, capricieux dans ses pentes comme dans ses détours, mais toujours courant au sud-est, et toujours s'enfonçant davantage, nous conduisit rapidement à de grandes profondeurs.

Quatre jours plus tard, le samedi 18 juillet, le soir, nous arrivâmes à une espèce de grotte assez vaste ; mon oncle remit à Hans ses trois rixdales hebdomadaires, et il fut décidé que le lendemain serait un jour de repos.

XXV

Je me réveillai donc, le dimanche matin, sans cette préoccupation habituelle d'un départ immédiat. Et, quoique ce fût au plus profond des abîmes, cela ne laissait pas d'être agréable. D'ailleurs, nous étions faits à cette existence de troglodytes. Je ne pensais guère au soleil, aux étoiles, à la lune, aux arbres, aux maisons, aux villes, à toutes ces superfluités terrestres dont l'être sublunaire s'est fait une nécessité. En notre qualité de fossiles, nous faisions fi de ces inutiles merveilles.

La grotte formait une vaste salle; sur son sol granitique coulait doucement le ruisseau fidèle. A une pareille distance de sa source, son eau n'avait plus que la température ambiante et se laissait boire sans difficulté.

Après le déjeuner, le professeur voulut consacrer quelques heures à mettre en ordre ses notes quotidiennes.

« D'abord, dit-il, je vais faire des calculs, afin de relever exactement notre situation; je veux pouvoir, au retour, tracer une carte de notre voyage, une sorte de section verticale du globe, qui donnera le profil de l'expédition.

— Ce sera fort curieux, mon oncle; mais vos observations auront-elles un degré suffisant de précision ?

— Oui. J'ai noté avec soin les angles et les pentes; je suis sûr de ne point me tromper. Voyons d'abord où nous sommes. Prends la boussole et observe la direction qu'elle indique.

Je regardai l'instrument, et, après un examen attentif, je répondis :

« Est-quart-sud-est.

— Bien! fit le professeur en notant l'observation et en établissant quelques calculs rapides. J'en conclus que nous avons fait quatre-vingt-cinq lieues depuis notre point de départ.

— Ainsi, nous voyageons sous l'Atlantique ?

— Parfaitement.

— Et, dans ce moment, une tempête s'y déchaîne peut-être, et des navires sont secoués sur notre tête par les flots et l'ouragan ?

— Cela se peut.

— Et les baleines viennent frapper de leur queue les murailles de notre prison?

— Sois tranquille, Axel, elles ne parviendront pas à l'ébranler. Mais revenons à nos calculs. Nous sommes dans le sud-est, à quatre-vingt-cinq lieues de la base du Sneffels, et, d'après mes notes précédentes, j'estime à seize lieues la profondeur atteinte.

— Seize lieues! m'écriai-je.

— Sans doute.

— Mais c'est l'extrême limite assignée par la science à l'épaisseur de l'écorce terrestre.

— Je ne dis pas non.

— Et ici, suivant la loi de l'accroissement de la température, une chaleur de quinze cents degrés devrait exister.

— Devrait, mon garçon.

— Et tout ce granit ne pourrait se maintenir à l'état solide et serait en pleine fusion.

— Tu vois qu'il n'en est rien et que les faits, suivant leur habitude, viennent démentir les théories.

— Je suis forcé d'en convenir, mais enfin cela m'étonne.

— Qu'indique le thermomètre?

— Vingt-sept degrés six dixièmes.

— Il s'en manque donc de quatorze cent soixante-quatorze degrés quatre dixièmes que les savants n'aient raison. Donc, l'accroissement proportionnel de la température est une erreur. Donc, Humphry Davy ne se trompait pas. Donc, je n'ai pas eu tort de l'écouter. Qu'as-tu à répondre?

— Rien. »

A la vérité, j'aurais eu beaucoup de choses à dire. Je n'admettais la théorie de Davy en aucune façon, je tenais toujours pour la chaleur centrale, bien que je n'en ressentisse point les effets. J'aimais mieux admettre, en vérité, que cette cheminée d'un volcan éteint, recouverte par les laves d'un enduit réfractaire, ne permettait pas à la température de se propager à travers ses parois.

Mais, sans m'arrêter à chercher des arguments nouveaux, je me bornai à prendre la situation telle qu'elle était.

« Mon oncle, repris-je, je tiens pour exact tous vos calculs, mais permettez-moi d'en tirer une conséquence rigoureuse.

— Va, mon garçon, à ton aise.

— Au point où nous sommes, sous la latitude de l'Islande, le rayon terrestre est de quinze cent quatre-vingt-trois lieues à peu près?

— Quinze cent quatre-vingt-trois lieues et un tiers.

— Mettons seize cents lieues en chiffres ronds. Sur un voyage de seize cents lieues, nous en avons fait douze?

— Comme tu dis.

— Et cela au prix de quatre-vingt-cinq lieues de diagonale?

— Parfaitement.

— En vingt jours environ?

— En vingt jours.

— Or seize lieues font le centième du rayon terrestre. A continuer ainsi, nous mettrons donc deux mille jours, ou près de cinq ans et demi à descendre! »

Le professeur ne répondit pas.

« Sans compter que, si une verticale de seize lieues s'achète par une horizontale de quatre-vingts, cela fera huit mille lieues dans le sud-est, et il y aura longtemps que nous serons sortis par un point de la circonférence avant d'en atteindre le centre !

— Au diable tes calculs ! répliqua mon oncle avec un mouvement de colère. Au diable tes hypothèses ! Sur quoi reposent-elles ? Qui te dit que ce couloir ne va pas directement à notre but ? D'ailleurs j'ai pour moi un précédent. Ce que je fais là un autre l'a fait, et où il a réussi je réussirai à mon tour.

— Je l'espère ; mais, enfin, il m'est bien permis...

— Il t'est permis de te taire, Axel, quand tu voudras déraisonner de la sorte. »

Je vis bien que le terrible professeur menaçait de reparaître sous la peau de l'oncle, et je me tins pour averti.

« Maintenant, reprit-il, consulte le manomètre. Qu'indique-t-il ?

— Une pression considérable.

— Bien. Tu vois qu'en descendant doucement, en nous habituant peu à peu à la densité de cette atmosphère, nous n'en souffrons aucunement.

— Aucunement, sauf quelques douleurs d'oreilles.

« — Ce n'est rien, et tu feras disparaître ce malaise en mettant l'air extérieur en communication rapide avec l'air contenu dans tes poumons.

— Parfaitement, répondis-je, bien décidé à ne plus contrarier mon oncle. Il y a même un plaisir véritable à se sentir plongé dans cette atmosphère plus dense. Avez-vous remarqué avec quelle intensité le son s'y propage?

— Sans doute; un sourd finirait par y entendre à merveille.

— Mais cette densité augmentera sans aucun doute?

— Oui, suivant une loi assez peu déterminée; il est vrai que l'intensité de la pesanteur diminuera à mesure que nous descendrons. Tu sais que c'est à la surface même de la terre que son action se fait le plus vivement sentir, et qu'au centre du globe les objets ne pèsent plus.

— Je le sais ; mais dites-moi, cet air ne finira-t-il pas par acquérir la densité de l'eau?

— Sans doute, sous une pression de sept cent-dix atmosphères.

— Et plus bas?

— Plus bas, cette densité s'accroîtra encore.

— Comment descendrons-nous alors?

— Eh bien nous mettrons des cailloux dans nos poches.

— Ma foi, mon oncle, vous avez réponse à tout. »

Je n'osai pas aller plus avant dans le champ des hypothèses, car je me serais encore heurté à quelque impossibilité qui eût fait bondir le professeur.

Il était évident, cependant, que l'air, sous une pression qui pouvait atteindre des milliers d'atmosphères, finirait par passer à l'état solide, et alors, en admettant que nos corps eussent résisté, il faudrait s'arrêter, en dépit de tous les raisonnements du monde.

Mais je ne fis pas valoir cet argument. Mon oncle m'aurait encore riposté par son éternel Saknussemm, précédent sans valeur, car, en tenant pour avéré le voyage du savant Islandais, il y avait une chose bien simple à répondre :

Au seizième siècle, ni le baromètre ni le manomètre n'étaient inventés ; comment donc Saknussemm avait-il pu déterminer son arrivée au centre du globe?

Mais je gardai cette objection pour moi, et j'attendis les événements.

Le reste de la journée se passa en calculs et en conversation. Je fus toujours de l'avis du professeur Lidenbrock, et j'enviai la parfaite indifférence de Hans, qui, sans chercher les effets et les causes, s'en allait aveuglément où le menait la destinée.

XXVI

Il faut l'avouer, les choses jusqu'ici se passaient bien, et j'aurais eu mauvaise grâce à me plaindre. Si la moyenne des « difficultés » ne s'accroissait pas, nous ne pouvions manquer d'atteindre notre but. Et quelle gloire alors! J'en étais arrivé à faire ces raisonnements à la Lidenbrock. Sérieusement. Cela tenait-il au milieu étrange dans lequel je vivais? Peut-être.

Pendant quelques jours, des pentes plus rapides, quelques-unes même d'une effrayante verticalité, nous engagèrent profondément dans le massif interne; par certaines journées, on gagnait une lieue et demie à deux lieues vers le centre. Descentes périlleuses, pendant lesquelles l'adresse de Hans et son merveilleux sang-froid nous furent très utiles. Cet impassible Islandais se dévouait avec un incompréhensible sans-façon, et, grâce à lui, plus d'un mauvais pas fut franchi dont nous ne serions pas sortis seuls.

Par exemple, son mutisme s'augmentait de jour en jour. Je crois même qu'il nous gagnait. Les objets extérieurs ont une action réelle sur le cerveau. Qui s'enferme entre quatre murs finit par perdre la faculté d'associer les idées et les mots. Que de prisonniers cellulaires devenus imbéciles, sinon fous, par le défaut d'exercice des facultés pensantes.

Pendant les deux semaines qui suivirent notre dernière conversation, il ne se produisit aucun incident digne d'être rapporté. Je ne retrouve dans ma mémoire, et pour cause, qu'un seul événement d'une extrême gravité. Il m'eût été difficile d'en oublier le moindre détail.

Le 7 août, nos descentes successives nous avaient amenés à une profondeur de trente lieues; c'est-à-dire qu'il y avait sur notre tête trente lieues de rocs, d'océan, de continents et de villes. Nous devions être alors à deux cents lieues de l'Islande.

Ce jour-là le tunnel suivait un plan peu incliné.

Je marchais en avant; mon oncle portait l'un des deux appareils de Ruhmkorff, et moi l'autre. J'examinais les couches de granit.

Tout à coup, en me retournant, je m'aperçus que j'étais seul.

« Bon, pensai-je, j'ai marché trop vite, ou bien Hans et mon oncle se sont arrêtés en route. Allons, il faut les rejoindre. Heureusement le chemin ne monte pas sensiblement. »

Je revins sur mes pas. Je marchai pendant un quart d'heure. Je regardai. Personne. J'appelai.

Point de réponse. Ma voix se perdit au milieu des caverneux échos qu'elle éveilla soudain.

Je commençai à me sentir inquiet. Un frisson me parcourut tout le corps.

« Un peu de calme, dis-je à haute voix. Je suis sûr de retrouver mes compagnons. Il n'y a pas deux routes! Or, j'étais en avant, retournons en arrière. »

Je remontai pendant une demi-heure. J'écoutai si quelque appel ne m'était pas adressé, et dans cette atmosphère si dense, il pouvait m'arriver de loin. Un silence extraordinaire régnait dans l'immense galerie.

Je m'arrêtai. Je ne pouvais croire à mon isolement. Je voulais bien être égaré, non perdu. Égaré, on se retrouve.

« Voyons, répétai-je, puisqu'il n'y a qu'une route, puisqu'ils la suivent, je dois les rejoindre. Il suffira de remonter encore. A moins que, ne me voyant pas, et oubliant que je les devançais, ils n'aient eu la pensée de revenir en arrière. Eh bien! même dans ce cas, en me hâtant, je les retrouverai. C'est évident! »

Je répétai ces derniers mots comme un homme qui n'est pas convaincu. D'ailleurs, pour associer ces idées si simples, et les réunir sous forme de raisonnement, je dus employer un temps fort long.

Un doute me prit alors. Etais-je bien en avant?

Certes. Hans me suivait, précédant mon oncle. Il s'était même arrêté pendant quelques instants pour rattacher ses bagages sur son épaule. Ce détail me revenait à l'esprit. C'est à ce moment même que j'avais dû continuer ma route.

« D'ailleurs, pensai-je, j'ai un moyen sûr de ne pas m'égarer, un fil pour me guider dans ce labyrinthe, et qui ne saurait casser, mon fidèle ruisseau. Je n'ai qu'à remonter son cours, et je retrouverai forcément les traces de mes compagnons. »

Ce raisonnement me ranima, et je résolus de me remettre en marche sans perdre un instant.

Combien je bénis alors la prévoyance de mon oncle, lorsqu'il empêcha le chasseur de boucher l'entaille faite à la paroi de granit! Ainsi cette bienfaisante source, après nous avoir désaltéré pendant la route, allait me guider à travers les sinuosités de l'écorce terrestre.

Avant de remonter, je pensai qu'une ablution me ferait quelque bien.

Je me baissai donc pour plonger mon front dans l'eau du Hans-bach!

Que l'on juge de ma stupéfaction!

Je foulais un granit sec et raboteux! Le ruisseau ne coulait plus à mes pieds!

XXVII

Je ne puis peindre mon désespoir; nul mot de la langue humaine ne rendrait mes sentiments. J'étais enterré vif, avec la perspective de mourir dans les tortures de la faim et de la soif.

Machinalement je promenai mes mains brûlantes sur le sol. Que ce roc me sembla desséché!

Mais comment avais-je abandonné le cours du ruisseau? Car, enfin, il n'était plus là! Je compris alors la raison de ce silence étrange, quand j'écoutai pour la dernière fois si quelque appel de mes compagnons ne parviendrait pas à mon oreille. Ainsi, au moment où mon premier pas s'engagea dans la route imprudente, je ne remarquai point cette absence du ruisseau. Il est évident qu'à ce moment, une bifurcation de la galerie s'ouvrit devant moi, tandis que le Hans-bach obéissant aux caprices d'une autre pente, s'en allait avec mes compagnons vers des profondeurs inconnues!

Comment revenir. De traces, il n'y en avait pas. Mon pied ne laissait aucune empreinte sur ce granit. Je me brisais la tête à chercher la solution de cet insoluble problème. Ma situation se résumait en un seul mot : perdu !

Oui ! perdu à une profondeur qui me semblait incommensurable ! Ces trente lieues d'écorce terrestre pesaient sur mes épaules d'un poids épouvantable ! Je me sentais écrasé.

J'essayai de ramener mes idées aux choses de la terre. C'est à peine si je pus y parvenir. Hambourg, la maison de König-strasse, ma pauvre Graüben, tout ce monde sous lequel je m'égarais, passa rapidement devant mon souvenir effaré. Je revis dans une vive hallucination les incidents du voyage, la traversée, l'Islande, M. Fridriksson, le Sneffels ! Je me dis que si, dans ma position, je conservais encore l'ombre d'une espérance ce serait signe de folie, et qu'il valait mieux désespérer !

En effet, quelle puissance humaine pouvait me ramener à la surface du globe et disjoindre ces voûtes énormes qui s'arc-boutaient au-dessus de ma tête ? Qui pouvait me remettre sur la route du retour et me réunir à mes compagnons ?

« Oh ! mon oncle ! » m'écriai-je avec l'accent du désespoir.

Ce fut le seul mot de reproche qui me vint aux lèvres, car je compris ce que le malheureux homme devait souffrir en me cherchant à son tour.

Quand je me vis ainsi en dehors de tout secours humain, incapable de rien tenter pour mon salut, je songeai aux secours du ciel. Les souvenirs de mon enfance, ceux de ma mère que je n'avais connue qu'au temps des baisers, revinrent à ma mémoire. Je recourus à la prière, quelque peu de droits que j'eusse d'être entendu du Dieu auquel je m'adressais si tard, et je l'implorai avec ferveur.

Ce retour vers la Providence me rendit un peu de calme, et je pus concentrer sur ma situation toutes les forces de mon intelligence.

J'avais pour trois jours de vivres, et ma gourde était pleine. Cependant je ne pouvais rester seul plus longtemps. Mais fallait-il monter ou descendre ?

Monter évidemment ! monter toujours !

Je devais arriver ainsi au point où j'avais abandonné la source, à la funeste bifurcation. Là, une fois le ruisseau sous les pieds, je pourrais toujours regagner le sommet du Sneffels.

Comment n'y avais-je pas songé plus tôt ! Il y avait évidemment là une chance de salut. Le plus pressé était donc de retrouver le cours du Hansbach.

Je me levai et, m'appuyant sur mon bâton ferré, je remontai la galerie. La pente en était assez raide. Je marchais avec espoir et sans embarras, comme un homme qui n'a pas de choix du chemin à suivre.

Pendant une demi-heure, aucun obstacle n'arrêta mes pas. J'essayais de reconnaître ma route à la forme du tunnel, à la saillie de certaines roches, à la disposition des anfractuosités. Mais aucun signe particulier ne frappait mon esprit, et je reconnus bientôt que cette galerie ne pouvait me ramener à la bifurcation. Elle était sans issue. Je me heurtai contre un mur impénétrable, et je tombai sur le roc.

De quelle épouvante, de quel désespoir je fus saisi alors, je ne saurais le dire. Je demeurai anéanti. Ma dernière espérance venait de se briser contre cette muraille de granit.

Perdu dans ce labyrinthe dont les sinuosités se croisaient en tous sens, je n'avais plus à tenter une fuite impossible. Il fallait mourir de la plus effroyable des morts! Et, chose étrange, il me vint à la pensée que, si mon corps fossilisé se retrouvait un jour, sa rencontre à trente lieues dans les entrailles de terre soulèverait de graves questions scientifiques!

Je voulus parler à voix haute, mais de rauques accents passèrent seuls entre mes lèvres desséchées. Je haletais.

Au milieu de ces angoisses, une nouvelle terreur vint s'emparer de mon esprit. Ma lampe s'était faussée en tombant. Je n'avais aucun moyen de la réparer. Sa lumière pâlissait et allait me manquer!

Je regardai le courant lumineux s'amoindrir dans le serpentin de l'appareil. Une procession d'ombres mouvantes se déroula sur les parois assombries. Je n'osais plus abaisser ma paupière, craignant de perdre le moindre atome de cette clarté fugitive ! A chaque instant il me semblait qu'elle allait s'évanouir et que « le noir » m'envahissait.

Enfin, une dernière lueur trembla dans la lampe. Je la suivis, je l'aspirai du regard, je concentrai sur elle toute la puissance de mes yeux, comme sur la dernière sensation de lumière qu'il leur fût donné d'éprouver, et je demeurai plongé dans les ténèbres immenses.

Quel cri terrible m'échappa ! Sur terre au milieu des plus profondes nuits, la lumière n'abandonne jamais entièrement ses droits; elle est diffuse, elle est subtile; mais, si peu qu'il en reste, la rétine de l'œil finit par la percevoir ! Ici, rien. L'ombre absolue faisait de moi un aveugle dans toute l'acception du mot.

Alors ma tête se perdit. Je me relevai, les bras en avant, essayant les tâtonnements les plus douloureux; je me pris à fuir, précipitant mes pas au hasard dans cet inextricable labyrinthe, descendant toujours, courant à travers la croûte terrestre, comme un habitant des failles souterraines, appelant, criant, hurlant, bientôt meurtri aux saillies des rocs, tombant et me relevant ensanglanté, cherchant à boire ce sang qui m'inondait le visage, et attendant toujours que quelque muraille imprévue vînt offrir à ma tête un obstacle pour s'y briser!

Où me conduisit cette course insensée? Je l'ignorerai toujours. Après plusieurs heures, sans doute à bout de forces, je tombai comme une masse inerte le long de la paroi, et je perdis tout sentiment d'existence!

XXVIII

Quand je revins à la vie, mon visage était mouillé, mais mouillé de larmes. Combien dura cet état d'insensibilité, je ne saurais le dire. Je n'avais plus aucun moyen de me rendre compte du temps. Jamais solitude ne fut semblable à la mienne, jamais abandon si complet!

Après ma chute, j'avais perdu beaucoup de sang. Je m'en sentais inondé! Ah! combien je regrettai de n'être pas mort « et que ce fût encore à faire! » Je ne voulais plus penser. Je chassai toute idée et, vaincu par la douleur, je me roulai près de la paroi opposée.

Déjà je sentais l'évanouissement me reprendre, et, avec lui, l'anéantissement suprême, quand un bruit violent vint frapper mon oreille. Il ressemblait au roulement prolongé du tonnerre, et j'entendis les ondes sonores se perdre peu à peu dans les lointaines profondeurs du gouffre.

D'où provenait ce bruit? de quelque phénomène sans doute, qui s'accomplissait au sein du massif terrestre. L'explosion d'un gaz, ou la chute de quelque puissante assise du globe.

J'écoutai encore. Je voulus savoir si ce bruit se renouvellerait. Un quart d'heure se passa. Le silence régnait dans la galerie. Je n'entendais même plus les battements de mon cœur.

Tout à coup mon oreille, appliquée par hasard sur la muraille, crut surprendre des paroles vagues, insaisissables, lointaines. Je tressaillis.

« C'est une hallucination! » pensais-je.

Mais non. En écoutant avec plus d'attention, j'entendis réellement un murmure de voix. Mais de comprendre ce qui se disait, c'est ce que ma faiblesse ne me permit pas. Cependant on parlait. J'en étais certain.

J'eus un instant la crainte que ces paroles ne fussent les miennes, rapportées par un écho. Peut-être avais-je crié à mon insu? Je fermai fortement les lèvres et j'appliquai de nouveau mon oreille à la paroi.

« Oui, certes, on parle! on parle! »

En me portant même à quelques pieds plus loin, le long de la muraille, j'entendis plus distinctement. Je parvins à saisir des mots incertains, bizarres, incompréhensibles. Ils m'arrivaient comme des paroles prononcées à voix basse, murmurées, pour ainsi dire. Le mot « förlorad » était plusieurs fois répété, et avec un accent de douleur.

Que signifiait-il? Qui le prononçait? Mon oncle ou Hans, évidemment. Mais si je les entendais, ils pouvaient donc m'entendre.

« A moi! criai-je de toutes mes forces, à moi! »

J'écoutai, j'épiai dans l'ombre une réponse, un cri, un soupir. Rien ne se fit entendre. Quelques minutes se passèrent. Tout un monde d'idées avait éclos dans mon esprit. Je pensai que ma voix affaiblie ne pouvait arriver jusqu'à mes compagnons.

« Car ce sont eux, répétai-je. Quels autres hommes seraient enfouis à trente lieues sous terre? »

Je me remis à écouter. En promenant mon oreille sur la paroi, je trouvai un point mathématique où les voix paraissaient atteindre leur maximum d'intensité. Le mot « förlorad » revint encore à mon oreille, puis ce roulement de tonnerre qui m'avait tiré de ma torpeur.

« Non, dis-je, non. Ce n'est point à travers le massif que ces voix se font entendre. La paroi est faite de granit; elle ne permettrait pas à la plus forte détonation de la traverser! Ce bruit arrive par la galerie même! Il faut qu'il y ait là un effet d'acoustique tout particulier! »

J'écoutai de nouveau, et cette fois, oui ! cette fois, j'entendis mon nom distinctement jeté à travers l'espace !

C'était mon oncle qui le prononçait ? Il causait avec le guide, et le mot « förlorad » était un mot danois !

Alors je compris tout. Pour me faire entendre il fallait précisément parler le long de cette muraille qui servirait à conduire ma voix comme le fil de fer conduit l'électricité.

Mais je n'avais pas de temps à perdre. Que mes compagnons se fussent éloignés de quelques pas et le phénomène d'acoustique eût été détruit. Je m'approchai donc de la muraille, et je prononçai ces mots, aussi distinctement que possible :

« Mon oncle Lidenbrock ! »

J'attendis dans la plus vive anxiété. Le son n'a pas une rapidité extrême. La densité des couches d'air n'accroît même pas sa vitesse ; elle n'augmente que son intensité. Quelques secondes, des siècles, se passèrent, et enfin ces paroles arrivèrent à mon oreille.

« Axel, Axel ! est-ce toi ? »

. . . .

« Oui ! oui ! » répondis-je !

. . . .

« Mon pauvre enfant, où es-tu ? »

. . . .

« Perdu dans la plus profonde obscurité ! »

. . . .

« Mais ta lampe? »

. . . .

« Éteinte. »

. . . .

« Et le ruisseau? »

. . . .

« Disparu. »

. . . .

« Axel, mon pauvre Axel, reprends courage! »

. . . .

« Attendez un peu, je suis épuisé; je n'ai plus la force de répondre. Mais parlez-moi! »

. . . .

« Courage, reprit mon oncle; ne parle pas, écoute-moi. Nous t'avons cherché en remontant et en descendant la galerie. Impossible de te trouver. Ah! je t'ai bien pleuré, mon enfant! Enfin, te supposant toujours sur le chemin du Hansbach, nous sommes redescendus en tirant des coups de fusil. Maintenant, si nos voix peuvent se réunir, pur effet d'acoustique! nos mains ne peuvent se toucher! Mais ne te désespère pas, Axel! C'est déjà quelque chose de s'entendre! »

. . . .

Pendant ce temps j'avais réfléchi. Un certain espoir, vague encore, me revenait au cœur. Tout d'abord, une chose m'importait à connaitre. J'approchai donc mes lèvres de la muraille, et je dis:

« Mon oncle ? »

. . . .

« Mon enfant ? » me fut-il répondu après quelques instants.

. . . .

« Il faut d'abord savoir quelle distance nous sépare. »

. . . .

« Cela est facile. »

. . . .

« Vous avez votre chronomètre ? »

. . . .

« Oui. »

. . . .

« Eh bien, prenez-le. Prononcez mon nom en notant exactement la seconde où vous parlerez. Je le répéterai, et vous observerez également le moment précis auquel vous arrivera ma réponse. »

. . . .

« Bien, et la moitié du temps compris entre ma demande et ta réponse indiquera celui que ma voix emploie pour arriver jusqu'à toi. »

. . . .

« C'est cela, mon oncle »

. . . .

« Es-tu prêt ? »

. . . .

« Oui. »

. . . .

« Eh bien, fais attention, je vais prononcer ton nom. »

. . . .

J'appliquai mon oreille sur la paroi, et dès que le mot « Axel » me parvint, je répondis immédiatement « Axel, » puis j'attendis.

. . . .

« Quarante secondes, » dit alors mon oncle; il s'est écoulé quarante secondes entre les deux mots; le son met donc vingt secondes à monter. Or, à mille vingt pieds par seconde, cela fait vingt mille quatre cents pieds, ou une lieue et demie et un huitième. »

. . . .

« Une lieue et demie ! » murmurai-je.

. . . .

« Eh bien, cela se franchit, Axel ! »

. . . .

« Mais faut-il monter ou descendre ? »

. . . .

« Descendre, et voici pourquoi. Nous sommes arrivés à un vaste espace, auquel aboutissent un grand nombre de galeries. Celle que tu as suivie ne peut manquer de t'y conduire, car il semble que toutes ces fentes, ces fractures du globe rayonnent autour de l'immense caverne que nous occupons. Relève-toi donc et reprends ta route; marche, traîne-toi, s'il le faut, glisse sur les pentes rapides, et tu trouveras nos bras pour te recevoir au bout du chemin. En route, mon enfant, en route ! »

. . . .

Ces paroles me ranimèrent.

« Adieu, mon oncle, m'écriai-je ; je pars. Nos voix ne pourront plus communiquer entre elles, du moment que j'aurai quitté cette place ! Adieu donc ! »

. . . .

« Au revoir, Axel ! au revoir ! »

. . . .

Telles furent les dernières paroles que j'entendis. Cette surprenante conversation faite au travers de la masse terrestre, échangée à plus d'une lieue de distance, se termina sur ces paroles d'espoir ! Je fis une prière de reconnaissance à Dieu, car il m'avait conduit parmi ces immensités sombres au seul point peut-être où la voix de mes compagnons pouvait me parvenir.

Cet effet d'acoustique très étonnant s'expliquait facilement par les seules lois physiques ; il provenait de la forme du couloir et de la conductibilité de la roche ; il y a bien des exemples de cette propagation de sons non perceptibles aux espaces intermédiaires. Je me souvins qu'en maint endroit ce phénomène fut observé, entre autres, dans la galerie intérieure du dôme de Saint-Paul à Londres, et surtout au milieu de ces curieuses cavernes de Sicile, ces latomies situées près de Syracuse, dont la plus merveilleuse en ce genre est connue sous le nom d'Oreille de Denys.

Ces souvenirs me revinrent à l'esprit, et je vis clairement que, puisque la voix de mon oncle arrivait jusqu'à moi, aucun obstacle n'existait entre nous. En suivant le chemin du son, je devais logiquement arriver comme lui, si les forces ne me trahissaient pas en route.

Je me levai donc. Je me traînai plutôt que je ne marchai. La pente était assez rapide ; je me laissai glisser.

Bientôt la vitesse de ma descente s'accrut dans une effrayante proportion, et menaçait de ressembler à une chute. Je n'avais plus la force de m'arrêter.

Tout à coup le terrain manqua sous mes pieds. Je me sentis rouler en rebondissant sur les aspérités d'une galerie verticale, un véritable puits ; ma tête porta sur un roc aigu, et je perdis connaissance.

XXIX

Lorsque je revins à moi, j'étais dans une demi-obscurité, étendu sur d'épaisses couvertures. Mon oncle veillait, épiant sur mon visage un reste d'existence. A mon premier soupir il me prit la main; à mon premier regard il poussa un cri de joie.

« Il vit ! il vit ! s'écria-t-il.

— Oui, répondis-je d'une voix faible.

— Mon enfant, fit mon oncle en me serrant sur sa poitrine, te voilà sauvé ! »

Je fus vivement touché de l'accent dont furent prononcées ces paroles, et plus encore des soins qui les accompagnèrent. Mais il fallait de telles épreuves pour provoquer chez le professeur un pareil épanchement.

En ce moment Hans arriva. Il vit ma main dans celle de mon oncle; j'ose affirmer que ses yeux exprimèrent un vif contentement.

« God dag, » dit-il.

— Bonjour, Hans, bonjour, murmurai-je. Et maintenant, mon oncle, apprenez-moi où nous sommes en ce moment?

— Demain, Axel, demain; aujourd'hui tu es encore trop faible; j'ai entouré ta tête de compresses qu'il ne faut pas déranger; dors donc, mon garçon, et demain tu sauras tout.

— Mais au moins, repris-je, quelle heure, quel jour est-il?

— Onze heures du soir; c'est aujourd'hui dimanche, 9 août, et je ne te permets plus de m'interroger avant le 10 du présent mois. »

En vérité, j'étais bien faible; mes yeux se fermèrent involontairement. Il me fallait une nuit de repos; je me laissai donc assoupir sur cette pensée que mon isolement avait duré quatre longs jours.

Le lendemain, à mon réveil, je regardai autour de moi. Ma couchette, faite de toutes les couvertures de voyage, se trouvait installée dans une grotte charmante, ornée de magnifiques stalagmites, dont le sol était recouvert d'un sable fin. Il y régnait une demi-obscurité. Aucune torche, aucune lampe n'était allumée, et cependant certaines clartés inexplicables venaient du dehors en pénétrant par une étroite ouverture de la grotte. J'entendais aussi un murmure vague et indéfini, semblable à celui des flots qui se brisent sur une grève, et parfois les sifflements de la brise.

Je me demandai si j'étais bien éveillé, si je rêvais encore, si mon cerveau, fêlé dans ma chute, ne percevait pas des bruits purement imaginaires. Cependant ni mes yeux ni mes oreilles ne pouvaient se tromper à ce point.

« C'est un rayon du jour, pensai-je, qui se glisse par cette fente de rochers! Voilà bien le murmure des vagues! Voilà le sifflement de la brise! Est-ce que je me trompe, ou sommes-nous revenus à la surface de la terre? Mon oncle a-t-il donc renoncé à son expédition, ou l'aurait-il heureusement terminée? »

Je me posais ces insolubles questions, quand le professeur entra

« Bonjour, Axel ! fit-il joyeusement. Je gagerais volontiers que tu te portes bien !

— Mais oui, dis-je en me redressant sur les couvertures.

— Cela devait être, car tu as tranquillement dormi. Hans et moi, nous t'avons veillé tour à tour, et nous avons vu ta guérison faire des progrès sensibles.

— En effet, je me sens ragaillardi, et la preuve, c'est que je ferai honneur au déjeuner que vous voudrez bien me servir !

— Tu mangeras, mon garçon : la fièvre t'a quitté. Hans a frotté tes plaies avec je ne sais quel onguent dont les Islandais ont le secret, et elles se sont cicatrisées à merveille. C'est un fier homme que notre chasseur ! »

Tout en parlant, mon oncle apprêtait quelques aliments que je dévorai, malgré ses recommandations. Pendant ce temps, je l'accablai de questions auxquelles il s'empressa de répondre.

J'appris alors que ma chute providentielle m'avait précisément amené à l'extrémité d'une galerie presque perpendiculaire ; comme j'étais arrivé au milieu d'un torrent de pierres, dont la moins grosse eût suffi à m'écraser, il fallait en conclure qu'une partie du massif avait glissé avec moi. Cet effrayant véhicule me transporta ainsi jusque dans les bras de mon oncle, où je tombai sanglant et inanimé.

« Véritablement, me dit-il, il est étonnant que tu ne te sois pas tué mille fois. Mais, pour Dieu! ne nous séparons plus, car nous risquerions de ne jamais nous revoir. »

« Ne nous séparons plus! » Le voyage n'était donc pas fini ? J'ouvrais de grands yeux étonnés, ce qui provoqua immédiatement cette question :

« Qu'as-tu donc, Axel?

— Une demande à vous adresser. Vous dites que me voilà sain et sauf?

— Sans doute.

— J'ai tous mes membres intacts?

— Certainement.

— Et ma tête?

— Ta tête, sauf quelques contusions, est parfaitement à sa place sur tes épaules.

— Eh bien, j'ai peur que mon cerveau ne soit dérangé.

— Dérangé?

— Oui. Nous ne sommes pas revenus à la surface du globe?

— Non certes!

— Alors il faut que je sois fou, car j'aperçois la lumière du jour, j'entends le bruit du vent qui souffle et de la mer qui se brise!

— Ah! n'est-ce que cela?

— M'expliquerez-vous?

— Je ne t'expliquerai rien, car c'est inexplicable; mais tu verras et tu comprendras que la science géologique n'a pas encore dit son dernier mot.

— Sortons donc! m'écriai-je en me levant brusquement.

— Non, Axel, non! le grand air pourrait te faire du mal.

— Le grand air?

— Oui, le vent est assez violent. Je ne veux pas que tu t'exposes ainsi.

— Mais je vous assure que je me porte à merveille.

— Un peu de patience, mon garçon. Une rechute nous mettrait dans l'embarras, et il ne faut pas perdre de temps, car la traversée peut être longue.

— La traversée?

— Oui, repose-toi encore aujourd'hui, et nous nous embarquerons demain.

— Nous embarquer! »

Ce dernier mot me fit bondir.

Quoi! nous embarquer! Avions-nous donc un fleuve, un lac, une mer à notre disposition? Un bâtiment était-il mouillé dans quelque port intérieur?

Ma curiosité fut excitée au plus haut point. Mon oncle essaya vainement de me retenir. Quand il vit que mon impatience me ferait plus de mal que la satisfaction de mes désirs, il céda.

Je m'habillai rapidement; par surcroit de précaution, je m'enveloppai dans une des couvertures et je sortis de la grotte.

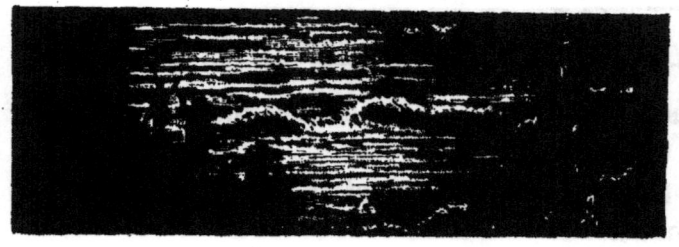

XXX

D'abord je ne vis rien; mes yeux, déshabitués de la lumière, se fermèrent brusquement. Lorsque je pus les rouvrir, je demeurai encore plus stupéfait qu'émerveillé.

« La mer! m'écriai-je.

— Oui, répondit mon oncle, la mer Lidenbrock; et, j'aime à le penser, aucun navigateur ne me disputera l'honneur de l'avoir découverte et le droit de la nommer de mon nom! »

Une vaste nappe d'eau, le commencement d'un lac ou d'un océan, s'étendait au delà des limites de la vue. Le rivage, largement échancré, offrait aux dernières ondulations des vagues un sable fin, doré et parsemé de ces petits coquillages où vécurent les premiers êtres de la création. Les flots s'y brisaient avec ce murmure sonore particulier aux milieux clos et immenses; une légère écume s'envolait au souffle d'un vent modéré, et quelques embruns m'arrivaient au visage. Sur cette grève légèrement inclinée, à cent toises environ de la lisière des vagues, venaient mourir les contreforts de rochers énormes qui montaient en s'évasant à une incommensurable hauteur. Quelques-uns, déchirant le rivage de leur arête aiguë, formaient des caps et des promontoires rongés par la dent du ressac. Plus loin, l'œil suivait leur masse nettement profilée sur les fonds brumeux de l'horizon.

C'était un océan véritable, avec le contour capricieux des rivages terrestres, mais désert et d'un aspect effroyablement sauvage.

Si mes regards pouvaient se promener au loin sur cette mer, c'est qu'une lumière « spéciale » en éclairait les moindres détails. Non pas la lumière du soleil avec ses faisceaux éclatants et l'irradiation splendide de ses rayons, ni la lueur pâle et vague de l'astre des nuits, qui n'est qu'une réflexion sans chaleur. Non. Le pouvoir éclairant de cette lumière, sa diffusion tremblante, sa blancheur claire et sèche, le peu d'élévation de sa température, son éclat supérieur en réalité à celui de la lune, accusaient évidemment une origine purement électrique. C'était comme une aurore boréale, un phénomène cosmique continu, qui remplissait cette caverne capable de contenir un océan.

La voûte suspendue au-dessus de ma tête, le ciel, si l'on veut, semblait fait de grands nuages, vapeurs mobiles et changeantes, qui, par l'effet de la condensation, devaient, à de certains jours, se résoudre en pluies torrentielles. J'aurais cru que, sous une pression aussi forte de l'atmosphère, l'évaporation de l'eau ne pouvait se produire, et cependant, par une raison physique qui m'échappait, il y avait de larges nuées étendues dans l'air. Mais alors « il faisait beau ». Les nappes électriques produisaient d'étonnants jeux de lumière sur les nuages très élevés ; des ombres vives se dessinaient à leurs volutes inférieures, et souvent, entre deux couches disjointes, un rayon se glissait jusqu'à nous avec une remarquable intensité. Mais, en somme, ce n'était pas le soleil, puisque la chaleur manquait à sa lumière. L'effet en était triste et souverainement mélancolique. Au lieu d'un firmament brillant d'étoiles, je sentais par-dessus ces nuages une voûte de granit qui m'écrasait de tout son poids, et cet espace n'eût pas suffi, tout immense qu'il fût, à la promenade du moins ambitieux des satellites.

Je me souvins alors de cette théorie d'un capitaine anglais qui assimilait la terre à une vaste sphère creuse, à l'intérieur de laquelle l'air se maintenait lumineux par suite de sa pression, tandis que deux astres, Pluton et Proserpine, y traçaient leurs mystérieuses orbites. Aurait-il dit vrai ?

Nous étions réellement emprisonnés dans une

énorme excavation. Sa largeur, on ne pouvait la juger, puisque le rivage allait s'élargissant à perte de vue, ni sa longueur, car le regard était bientôt arrêté par une ligne d'horizon un peu indécise. Quant à sa hauteur, elle devait dépasser plusieurs lieues. Où cette voûte s'appuyait-elle sur ses contreforts de granit? L'œil ne pouvait l'apercevoir; mais il y avait tel nuage suspendu dans l'atmosphère, dont l'élévation devait être estimée à deux mille toises, altitude supérieure à celle des vapeurs terrestres, et due sans doute à la densité considérable de l'air.

Le mot « caverne » ne rend évidemment pas ma pensée pour peindre cet immense milieu Mais les mots de la langue humaine ne peuvent suffire à qui se hasarde dans les abîmes du globe.

Je ne savais pas, d'ailleurs, par quel fait géologique expliquer l'existence d'une pareille excavation. Le refroidissement du globe avait-il donc pu la produire? Je connaissais bien, par les récits des voyageurs, certaines cavernes célèbres, mais aucune ne présentait de telles dimensions.

Si la grotte de Guachara, en Colombie, visitée par M. de Humboldt, n'avait pas livré le secret de sa profondeur au savant qui la reconnut sur un espace de deux mille cinq cents pieds, elle ne s'étendait vraisemblablement pas beaucoup au delà. L'immense caverne du Mammouth, dans le Kentucky, offrait bien des proportions gigantesques, puisque sa voûte s'élevait à cinq cents pieds au-dessus d'un lac insondable, et que des voyageurs la parcoururent pendant plus de dix lieues sans en rencontrer la fin. Mais qu'étaient ces cavités auprès de celle que j'admirais alors, avec son ciel de vapeurs, ses irradiations électriques et une vaste mer renfermée dans ses flancs? Mon imagination se sentait impuissante devant cette immensité.

Toutes ces merveilles, je les contemplais en silence. Les paroles me manquaient pour rendre mes sensations. Je croyais assister, dans quelque planète lointaine, Uranus ou Neptune, à des phénomènes dont ma nature « terrestrielle » n'avait pas conscience. A des sensations nouvelles il fallait des mots nouveaux, et mon imagination ne me les fournissait pas. Je regardais, je pensais, j'admirais avec une stupéfaction mêlée d'une certaine quantité d'effroi.

L'imprévu de ce spectacle avait rappelé sur mon visage les couleurs de la santé; j'étais en train de me traiter par l'étonnement et d'opérer ma guérison au moyen de cette nouvelle thérapeutique; d'ailleurs la vivacité d'un air très dense me ranimait, en fournissant plus d'oxygène à mes poumons.

On concevra sans peine qu'après un emprisonnement de quarante-sept jours dans une étroite galerie, c'était une jouissance infinie que d'aspirer cette brise chargée d'humides émanations salines.

Aussi n'eus-je point à me repentir d'avoir quitté ma grotte obscure. Mon oncle, déjà fait à ces merveilles, ne s'étonnait plus.

« Te sens-tu la force de te promener un peu? me demanda-t-il.

— Oui, certes, répondis-je, et rien ne me sera plus agréable.

— Eh bien, prends mon bras, Axel, et suivons les sinuosités du rivage. »

J'acceptai avec empressement, et nous commençâmes à côtoyer cet océan nouveau. Sur la gauche, des rochers abrupts, grimpés les uns sur les autres, formaient un entassement titanesque d'un prodigieux effet. Sur leurs flancs se déroulaient d'innombrables cascades, qui s'en allaient en nappes limpides et retentissantes; quelques légères vapeurs, sautant d'un roc à l'autre, marquaient la place des sources chaudes, et des ruisseaux coulaient doucement vers le bassin commun, en cherchant dans les pentes l'occasion de murmurer plus agréablement.

Parmi ces ruisseaux je reconnus notre fidèle compagnon de route, le Hans-bach, qui venait se perdre tranquillement dans la mer, comme s'il n'eût jamais fait autre chose depuis le commencement du monde.

« Il nous manquera désormais, dis-je avec un soupir.

— Bah! répondit le professeur, lui ou un autre, qu'importe ? »

Je trouvai la réponse un peu ingrate.

Mais en ce moment mon attention fut attirée par un spectacle inattendu. A cinq cents pas, au détour d'un haut promontoire, une forêt haute, touffue, épaisse, apparut à nos yeux. Elle était faite d'arbres de moyenne grandeur, taillés en parasols réguliers, à contours nets et géométriques ; les courants de l'atmosphère ne semblaient pas avoir prise sur leur feuillage, et, au milieu des souffles, ils demeuraient immobiles comme un massif de cèdres pétrifiés.

Je hâtai le pas. Je ne pouvais mettre un nom à ces essences singulières. Ne faisaient-elles point partie des deux cent mille espèces végétales connues jusqu'alors, et fallait-il leur accorder une place spéciale dans la flore des végétations lacustres ? Non. Quand nous arrivâmes sous leur ombrage, ma surprise ne fut plus que de l'admiration.

En effet, je me trouvais en présence de produits de la terre, mais taillés sur un patron gigantesque. Mon oncle les appela immédiatement de leur nom.

« Ce n'est qu'une forêt de champignons, » dit-il.

Et il ne se trompait pas. Que l'on juge du développement acquis par ces plantes chères aux milieux chauds et humides. Je savais que le « Lycoperdon giganteum » atteint, suivant Bulliard, huit à neuf pieds de circonférence ; mais il s'agissait ici de champignons blancs, hauts de trente à quarante pieds, avec une calotte d'un diamètre égal. Ils étaient là par milliers ; la lumière ne parvenait pas à percer leur épais ombrage, et une obscurité complète régnait sous ces dômes juxtaposés comme les toits ronds d'une cité africaine.

Cependant je voulus pénétrer plus avant. Un froid mortel descendait de ces voûtes charnues. Pendant une demi-heure, nous errâmes dans ces humides ténèbres, et ce fut avec un véritable sentiment de bien-être que je retrouvai les bords de la mer.

Mais la végétation de cette contrée souterraine ne s'en tenait pas à ces champignons. Plus loin s'élevaient par groupes un grand nombre d'autres arbres au feuillage décoloré. Ils étaient faciles à reconnaître ; c'étaient les humbles arbustes de la terre, avec des dimensions phénoménales, des lycopodes hauts de cent pieds, des sigillaires géantes, des fougères arborescentes, grandes comme les sapins des hautes latitudes, des lepidodendrons à tiges cylindriques bifurquées, terminées par de longues feuilles et hérissées de poils rudes comme de monstrueuses plantes grasses.

« Étonnant, magnifique, splendide ! s'écria mon

oncle. Voilà toute la flore de la seconde époque du monde, de l'époque de transition. Voilà ces humbles plantes de nos jardins qui se faisaient arbres aux premiers siècles du globe ! Regarde, Axel, admire ! Jamais botaniste ne s'est trouvé à pareille fête !

— Vous avez raison, mon oncle ; la Providence semble avoir voulu conserver dans cette serre immense ces plantes antédiluviennes que la sagacité des savants a reconstruites avec tant de bonheur.

— Tu dis bien, mon garçon, c'est une serre ; mais tu dirais mieux encore en ajoutant que c'est peut-être une ménagerie.

— Une ménagerie !

— Oui, sans doute. Vois cette poussière que nous foulons aux pieds, ces ossements épars sur le sol.

— Des ossements ! m'écriai-je. Oui, des ossements d'animaux antédiluviens ! »

Je m'étais précipité sur ces débris séculaires faits d'une substance minérale indestructible [1]. Je mettais sans hésiter un nom à ces os gigantesques qui ressemblaient à des troncs d'arbres desséchés.

« Voilà la mâchoire inférieure du Mastodonte, disais-je ; voilà les molaires du Dinotherium, voilà

---

1. Phosphate de chaux.

un fémur qui ne peut avoir appartenu qu'au plus grand de ces animaux, au Mégathérium. Oui, c'est bien une ménagerie, car ces ossements n'ont certainement pas été transportés jusqu'ici par un cataclysme; les animaux auxquels ils appartiennent ont vécu sur les rivages de cette mer souterraine, à l'ombre de ces plantes arborescentes. Tenez, j'aperçois des squelettes entiers. Et cependant...

— Cependant? dit mon oncle.

— Je ne comprends pas la présence de pareils quadrupèdes dans cette caverne de granit.

— Pourquoi?

— Parce que la vie animale n'a existé sur la terre qu'aux périodes secondaires, lorsque le terrain sédimentaire a été formé par les alluvions, et a remplacé les roches incandescentes de l'époque primitive.

— Eh bien! Axel, il y a une réponse bien simple à faire à ton objection, c'est que ce terrain-ci est un terrain sédimentaire.

— Comment! à une pareille profondeur au-dessous de la surface de la terre?

— Sans doute, et ce fait peut s'expliquer géologiquement. A une certaine époque, la terre n'était formée que d'une écorce élastique, soumise à des mouvements alternatifs de haut et de bas, en vertu des lois de l'attraction. Il est probable que des affaissements du sol se sont produits, et qu'une partie des terrains sédimentaires a été entrainée au fond des gouffres subitement ouverts.

— Cela doit être. Mais, si des animaux antédiluviens ont vécu dans ces régions souterraines, qui nous dit que l'un de ces monstres n'erre pas encore au milieu de ces forêts sombres ou derrière ces rocs escarpés? »

A cette idée j'interrogeai, non sans effroi, les divers points de l'horizon; mais aucun être vivant n'apparaissait sur ces rivages déserts.

J'étais un peu fatigué : j'allai m'asseoir alors à l'extrémité d'un promontoire au pied duquel les flots venaient se briser avec fracas. De là mon regard embrassait toute cette baie formée par une échancrure de la côte. Au fond, un petit port s'y trouvait ménagé entre les roches pyramidales. Ses eaux calmes dormaient à l'abri du vent. Un brick et deux ou trois goélettes auraient pu y mouiller à l'aise. Je m'attendais presque à voir quelque navire sortant toutes voiles dehors et prenant le large sous la brise du sud.

Mais cette illusion se dissipa rapidement. Nous étions bien les seules créatures vivantes de ce monde souterrain. Par certaines accalmies du vent, un silence plus profond que les silences du désert, descendait sur les rocs arides et pesait à la surface de l'océan. Je cherchais alors à percer les brumes lointaines, à déchirer ce rideau jeté sur le fond mystérieux de l'horizon. Quelles demandes se pressaient sur mes lèvres ? Où finissait cette mer ? Où conduisait-elle ? Pourrions-nous jamais en reconnaître les rivages opposés ?

Mon oncle n'en doutait pas, pour son compte. Moi, je le désirais et je le craignais à la fois.

Après une heure passée dans la contemplation de ce merveilleux spectacle, nous reprîmes le chemin de la grève pour regagner la grotte, et ce fut sous l'empire des plus étranges pensées que je m'endormis d'un profond sommeil.

XXXI

Le lendemain je me réveillai complètement guéri. Je pensai qu'un bain me serait très salutaire, et j'allai me plonger pendant quelques minutes dans les eaux de cette Méditerranée. Ce nom, à coup sûr, elle le méritait entre tous.

Je revins déjeuner avec un bel appétit. Hans s'entendait à cuisiner notre petit menu ; il avait de l'eau et du feu à sa disposition, de sorte qu'il put varier un peu notre ordinaire. Au dessert, il nous servit quelques tasses de café, et jamais ce délicieux breuvage ne me parut plus agréable à déguster.

« Maintenant, dit mon oncle, voici l'heure de

la marée, et il ne faut pas manquer l'occasion d'étudier ce phénomène.

— Comment, la marée ! m'écriai-je.

— Sans doute.

— L'influence de la lune et du soleil se fait sentir jusqu'ici !

— Pourquoi pas ! Les corps ne sont-ils pas soumis dans leur ensemble à l'attraction universelle ? Cette masse d'eau ne peut donc échapper à cette loi générale ? Aussi, malgré la pression atmosphérique qui s'exerce à sa surface, tu vas la voir se soulever comme l'Atlantique lui-même. »

En ce moment nous foulions le sable du rivage et les vagues gagnaient peu à peu sur la grève.

« Voilà bien le flot qui commence, m'écriai-je.

— Oui, Axel, et d'après ces relais d'écume, tu peux voir que la mer s'élève d'une dizaine de pieds environ.

— C'est merveilleux !

— Non : c'est naturel.

— Vous avez beau dire, tout cela me paraît extraordinaire, et c'est à peine si j'en crois mes yeux. Qui eût jamais imaginé dans cette écorce terrestre un océan véritable, avec ses flux et ses reflux, avec ses brises, avec ses tempêtes !

— Pourquoi pas ? Y a-t-il une raison physique qui s'y oppose ?

— Je n'en vois pas, du moment qu'il faut abandonner le système de la chaleur centrale.

— Donc, jusqu'ici la théorie de Davy se trouve justifiée ?

— Évidemment, et dès lors rien ne contredit l'existence de mers ou de contrées à l'intérieur du globe.

— Sans doute, mais inhabitées.

— Bon ! pourquoi ces eaux ne donneraient-elles pas asile à quelques poissons d'une espèce inconnue ?

— En tout cas, nous n'en avons pas aperçu un seul jusqu'ici.

— Eh bien, nous pouvons fabriquer des lignes et voir si l'hameçon aura autant de succès ici-bas que dans les océans sublunaires.

— Nous essayerons, Axel, car il faut pénétrer tous les secrets de ces régions nouvelles.

— Mais où sommes-nous, mon oncle ? car je ne vous ai point encore posé cette question à laquelle vos instruments ont dû répondre ?

— Horizontalement, à trois cent cinquante lieues de l'Islande.

— Tout autant ?

— Je suis sûr de ne pas me tromper de cinq cents toises.

— Et la boussole indique toujours le sud-est ?

— Oui, avec une déclinaison occidentale de dix-neuf degrés et quarante-deux minutes, comme sur terre, absolument. Pour son inclinaison, il se passe un fait curieux que j'ai observé avec le plus grand soin.

— Et lequel?

— C'est que l'aiguille, au lieu de s'incliner vers le pôle, comme elle le fait dans l'hémisphère boréal, se relève au contraire.

— Il faut donc en conclure que le point d'attraction magnétique se trouve compris entre la surface du globe et l'endroit où nous sommes parvenus?

— Précisément, et il est probable que, si nous arrivions sous les régions polaires, vers ce soixante-dixième degré où James Ross a découvert le pôle magnétique, nous verrions l'aiguille se dresser verticalement. Donc, ce mystérieux centre d'attraction ne se trouve pas situé à une grande profondeur

— En effet, et voilà un fait que la science n'a pas soupçonné.

— La science, mon garçon, est faite d'erreurs, mais d'erreurs qu'il est bon de commettre, car elles mènent peu à peu à la vérité.

— Et à quelle profondeur sommes-nous?

— A une profondeur de trente-cinq lieues

— Ainsi, dis-je en considérant la carte, la partie montagneuse de l'Écosse est au-dessus de nous, et, là, les monts Grampians élèvent à une prodigieuse hauteur leur cime couverte de neige.

— Oui, répondit le professeur en riant; c'est

un peu lourd à porter, mais la voûte est solide ; le grand architecte de l'univers l'a construite en bons matériaux, et jamais l'homme n'eût pu lui donner une pareille portée ! Que sont les arches des ponts et les arceaux des cathédrales auprès de cette nef d'un rayon de trois lieues, sous laquelle un océan et des tempêtes peuvent se développer à leur aise ?

— Oh ! Je ne crains pas que le ciel me tombe sur la tête. Maintenant, mon oncle, quels sont vos projets ? Ne comptez-vous pas retourner à la surface du globe ?

— Retourner ! Par exemple ! Continuer notre voyage, au contraire, puisque tout a si bien marché jusqu'ici.

— Cependant je ne vois pas comment nous pénétrerons sous cette plaine liquide.

— Aussi je ne prétends point m'y précipiter la tête la première. Mais si les océans ne sont, à proprement parler, que des lacs, puisqu'ils sont entourés de terre, à plus forte raison cette mer intérieure se trouve-t-elle circonscrite par le massif granitique.

— Cela n'est pas douteux.

— Eh bien ! sur les rivages opposés, je suis certain de trouver de nouvelles issues.

— Quelle longueur supposez-vous donc à cet océan ?

— Trente ou quarante lieues !

— Ah! fis-je, tout en imaginant que cette estime pouvait bien être inexacte.

— Ainsi nous n'avons pas de temps à perdre, et dès demain nous prendrons la mer. »

Involontairement je cherchai des yeux le navire qui devait nous transporter.

« Ah! dis-je, nous nous embarquerons. Bien! Et sur quel bâtiment prendrons-nous passage?

— Ce ne sera pas sur un bâtiment, mon garçon, mais sur un bon et solide radeau.

— Un radeau! m'écriai-je; un radeau est aussi impossible à construire qu'un navire, et je ne vois pas trop...

— Tu ne vois pas, Axel, mais, si tu écoutais, tu pourrais entendre!

— Entendre?

— Oui, certains coups de marteau qui t'apprendraient que Hans est déjà à l'œuvre.

— Il construit un radeau?

— Oui.

— Comment! il a déjà fait tomber des arbres sous sa hache?

— Oh! les arbres étaient tout abattus. Viens, et tu le verras à l'ouvrage. »

Après un quart d'heure de marche, de l'autre côté du promontoire qui formait le petit port naturel, j'aperçus Hans au travail; quelques pas encore, et je fus près de lui. A ma grande surprise, un radeau à demi terminé s'étendait sur le sable; il était fait de poutres d'un bois particulier, et un grand nombre de madriers, de courbes, de couples de toute espèce, jonchaient littéralement le sol. Il y avait là de quoi construire une marine entière.

« Mon oncle, m'écriai-je, quel est ce bois?

— C'est du pin, du sapin, du bouleau, toutes les espèces des conifères du Nord, minéralisées sous l'action des eaux de la mer.

— Est-il possible?

— C'est ce qu'on appelle du « surtarbrandur » ou bois fossile.

— Mais alors, comme les lignites, il doit avoir la dureté de la pierre, et il ne pourra flotter?

— Quelquefois cela arrive; il y a de ces bois qui sont devenus de véritables anthracites; mais d'autres, tels que ceux-ci, n'ont encore subi qu'un commencement de transformation fossile. Regarde plutôt, » ajouta mon oncle en jetant à la mer une de ces précieuses épaves.

Le morceau de bois, après avoir disparu, revint à la surface des flots et oscilla au gré de leurs ondulations.

« Es-tu convaincu? dit mon oncle.

— Convaincu surtout que cela n'est pas croyable! »

Le lendemain soir, grâce à l'habileté du guide, le radeau était terminé; il avait dix pieds de long sur cinq de large; les poutres de surtarbrandur, reliées entre elles par de fortes cordes, offraient une surface solide, et une fois lancée, cette embarcation improvisée flotta tranquillement sur les eaux de la mer Lidenbrock.

XXXII

Le 13 août, on se réveilla de bon matin. Il s'agissait d'inaugurer un nouveau genre de locomotion rapide et peu fatigant.

Un mât fait de deux bâtons jumelés, une vergue formée d'un troisième, une voile empruntée à nos couvertures, composaient tout le gréement du radeau. Les cordes ne manquaient pas. Le tout était solide.

A six heures, le professeur donna le signal d'embarquer. Les vivres, les bagages, les instruments, les armes et une notable quantité d'eau douce se trouvaient en place.

Hans avait installé un gouvernail qui lui permettait de diriger son appareil flottant. Il se mit à la barre. Je détachai l'amarre qui nous retenait au rivage; la voile fut orientée, et nous débordâmes rapidement.

Au moment de quitter le petit port, mon oncle, qui tenait à sa nomenclature géographique, vou-

V

DES ALGUES ONDULAIENT A LA SURFACE DES FLOTS. (PAGE 243.)

lut lui donner un nom, le mien, entre autres.

« Ma foi, dis-je, j'en ai un autre à vous proposer.

— Lequel?

— Le nom de Graüben, Port-Graüben, cela fera très bien sur la carte.

— Va pour Port-Graüben. »

Et voilà comment le souvenir de ma chère Virlandaise se rattacha à notre heureuse expédition.

La brise soufflait du nord-est ; nous filions vent arrière avec une extrême rapidité. Les couches très denses de l'atmosphère avaient une poussée considérable et agissaient sur la voile comme un puissant ventilateur.

Au bout d'une heure, mon oncle avait pu se rendre compte de notre vitesse.

« Si nous continuons à marcher ainsi, dit-il, nous ferons au moins trente lieues par vingt-quatre heures et nous ne tarderons pas à reconnaitre les rivages opposés.

Je ne répondis pas, et j'allai prendre place à l'avant du radeau. Déjà la côte septentrionale s'abaissait à l'horizon ; les deux bras du rivage s'ouvraient largement comme pour faciliter notre départ. Devant mes yeux s'étendait une mer immense ; de grands nuages promenaient rapidement à sa surface leur ombre grisâtre, qui semblait peser sur cette eau morne. Les rayons argentés de la lumière électrique, réfléchis çà et là par quelque gouttelette, faisaient éclore des points lumineux sur les côtés de l'embarcation. Bientôt toute terre fut perdue de vue, tout point de repère disparut, et, sans le sillage écumeux du radeau, j'aurais pu croire qu'il demeurait dans une parfaite immobilité.

Vers midi, des algues immenses vinrent onduler à la surface des flots. Je connaissais la puissance végétative de ces plantes, qui rampent à une profondeur de plus de douze mille pieds au fond des mers, se reproduisent sous une pression de près de quatre cents atmosphères et forment souvent des bancs assez considérables pour entraver la marche des navires; mais jamais, je crois, algues ne furent plus gigantesques que celles de la mer Lidenbrock.

Notre radeau longea des fucus longs de trois et quatre mille pieds, immenses serpents qui se développaient hors de la portée de la vue; je m'amusais à suivre du regard leurs rubans infinis, croyant toujours en atteindre l'extrémité, et pendant des heures entières ma patience était trompée, sinon mon étonnement.

Quelle force naturelle pouvait produire de telles plantes, et quel devait être l'aspect de la terre aux premiers siècles de sa formation, quand, sous l'action de la chaleur et de l'humidité, le règne végétal se développait seul à sa surface!

Le soir arriva, et, ainsi que je l'avais remarqué la veille, l'état lumineux de l'air ne subit aucune diminution. C'était un phénomène constant sur la durée duquel on pouvait compter.

Après le souper je m'étendis au pied du mât, et je ne tardai pas à m'endormir au milieu d'indolentes rêveries.

Hans, immobile au gouvernail, laissait courir le radeau, qui, d'ailleurs, poussé vent arrière, ne demandait même pas à être dirigé.

Depuis notre départ de Port-Graüben, le professeur Lidenbrock m'avait chargé de tenir le « journal du bord », de noter les moindres observations, de consigner les phénomènes intéressants, la direction du vent, la vitesse acquise, le chemin parcouru, en un mot, tous les incidents de cette étrange navigation.

Je ne bornerai donc à reproduire ici ces notes quotidiennes, écrites pour ainsi dire sous la dictée des événements, afin de donner un récit plus exact de notre traversée.

Vendredi 14 août. — Brise égale du N.-O. Le radeau marche avec rapidité et en ligne droite. La côte reste à trente lieues sous le vent. Rien à l'horizon. L'intensité de la lumière ne varie pas. Beau temps, c'est-à-dire que les nuages sont fort élevés, peu épais et baignés dans une atmosphère blanche, comme serait de l'argent en fusion.

Thermomètre : + 32° contigr.

A midi Hans prépare un hameçon à l'extrémité d'une corde; il l'amorce avec un petit morceau de viande et le jette à la mer. Pendant deux heures il ne prend rien. Ces eaux sont donc inhabitées? Non. Une secousse se produit. Hans tire sa ligne et ramène un poisson qui se débat vigoureusement.

« Un poisson ! s'écrie mon oncle.

— C'est un esturgeon ! m'écriai-je à mon tour, un esturgeon de petite taille! »

Le professeur regarde attentivement l'animal et ne partage pas mon opinion. Ce poisson a la tête plate, arrondie et la partie antérieure du corps couverte de plaques osseuses; sa bouche est privée de dents; des nageoires pectorales assez développées sont ajustées à son corps dépourvu de queue. Cet animal appartient bien à un ordre où les naturalistes ont classé l'esturgeon, mais il en diffère par des côtés assez essentiels.

Mon oncle ne s'y trompe pas, car, après un assez court examen, il dit :

« Ce poisson appartient à une famille éteinte depuis des siècles et dont on retrouve des traces fossiles dans le terrain dévonien.

— Comment! dis-je, nous aurions pu prendre vivant un de ces habitants des mers primitives?

— Oui, répond le professeur en continuant ses

observations, et tu vois que ces poissons fossiles n'ont aucune identité avec les espèces actuelles. Or, tenir un de ces êtres vivant c'est un véritable bonheur de naturaliste.

— Mais à quelle famille appartient-il ?

— A l'ordre des Ganoïdes, famille des Céphalaspides, genre...

— Eh bien ?

— Genre des Pterychtis, j'en jurerais ; mais celui-ci offre une particularité qui, dit-on, se rencontre chez les poissons des eaux souterraines.

— Laquelle ?

— Il est aveugle !

— Aveugle !

— Non seulement aveugle, mais l'organe de la vue lui manque absolument. »

Je regarde. Rien n'est plus vrai. Mais ce peut être un cas particulier. La ligne est donc amorcée de nouveau et rejetée à la mer. Cet océan, à coup sûr, est fort poissonneux, car en deux heures nous prenons une grande quantité de Pterychtis, ainsi que des poissons appartenant à une famille également éteinte, les Dipterides, mais dont mon oncle ne peut reconnaître le genre. Tous sont dépourvus de l'organe de la vue. Cette pêche inespérée renouvelle avantageusement nos provisions.

Ainsi donc, cela paraît constant, cette mer ne renferme que des espèces fossiles, dans lesquelles

les poissons comme les reptiles sont d'autant plus parfaits que leur création est plus ancienne

Peut-être rencontrerons-nous quelques-uns de ces sauriens que la science a su refaire avec un bout d'ossement ou de cartilage.

Je prends la lunette et j'examine la mer. Elle est déserte. Sans doute nous sommes encore trop rapprochés des côtes.

Je regarde dans les airs. Pourquoi quelques-uns de ces oiseaux reconstruits par l'immortel Cuvier ne battraient-ils pas de leurs ailes ces lourdes couches atmosphériques? Les poissons leur fourniraient une suffisante nourriture. J'observe l'espace, mais les airs sont inhabités comme les rivages.

Cependant mon imagination m'emporte dans les merveilleuses hypothèses de la paléontologie. Je rêve tout éveillé. Je crois voir à la surface des eaux ces énormes Chersites, ces tortues antédiluviennes, semblables à des îlots flottants. Il me semble que sur les grèves assombries passent les grands mammifères des premiers jours, le Leptotherium, trouvé dans les cavernes du Brésil, le ericotherium, venu des régions glacées de la Sibérie. Plus loin, le pachyderme Lophiodon, ce tapir gigantesque, se cache derrière les rocs, prêt à disputer sa proie à l'Anoplotherium, animal étrange, qui tient du rhinocéros, du cheval, de l'hippopotame et du chameau, comme si le Créateur, pressé aux premières heures du monde, eût réuni plusieurs animaux en un seul. Le Mastodonte géant fait tournoyer sa trompe et broie sous ses défenses les rochers du rivage, tandis que le Megatherium, arc-bouté sur ses énormes pattes, fouille la terre en éveillant par ses rugissements l'écho des granits sonores. Plus haut, le Protopithèque, le premier singe apparu à la surface du globe, gravit les cimes ardues. Plus haut encore, le Pterodactyle, à la main ailée, glisse comme une large chauve-souris sur l'air comprimé. Enfin, dans les dernières couches, des oiseaux immenses, plus puissants que le casoar, plus grands que l'autruche, déploient leurs vastes ailes et vont donner de la tête contre la paroi de la voûte granitique.

Tout ce monde fossile renaît dans mon imagination. Je me reporte aux époques bibliques de la création, bien avant la naissance de l'homme, lorsque la terre incomplète ne pouvait lui suffire encore. Mon rêve alors devance l'apparition des êtres animés. Les mammifères disparaissent, puis les oiseaux, puis les reptiles de l'époque secondaire, et enfin les poissons, les crustacés, les mollusques, les articulés. Les zoophytes de la période de transition retournent au néant à leur tour. Toute la vie de la terre se résume en moi, et mon cœur est seul à battre dans ce monde dépeuplé. Il n'y plus de saisons; il n'y a plus de climats; la chaleur propre du globe s'accroît sans cesse et neutralise celle de l'astre radieux. La végétation s'exagère; je passe comme une ombre au milieu des fougères arborescentes, foulant de mon pas incertain les marnes irisées et les grès bigarrés du sol; je m'appuie au tronc des conifères immenses; je me couche à l'ombre des Sphenophylles, des Asterophylles et des Lycopodes hauts de cent pieds.

Les siècles s'écoulent comme des jours; je remonte la série des transformations terrestres; les plantes disparaissent; les roches granitiques perdent leur dureté; l'état liquide va remplacer l'état solide sous l'action d'une chaleur plus intense; les eaux courent à la surface du globe; elles bouillonnent, elles se volatilisent; les vapeurs enveloppent la terre, qui peu à peu ne forme plus qu'une masse gazeuse, portée au rouge blanc, grosse comme le soleil et brillante comme lui!

Au centre de cette nébuleuse, quatorze cent mille fois plus considérable que ce globe qu'elle va former un jour, je suis entraîné dans les espaces planétaires; mon corps se subtilise, se sublime à son tour et se mélange comme un atome impondérable à ces immenses vapeurs qui tracent dans l'infini leur orbite emflammée!

Quel rêve! Où m'emporte-t-il? Ma main fiévreuse en jette sur le papier les étranges détails.

J'ai tout oublié, et le professeur, et le guide, et le radeau! Une hallucination s'est emparée de mon esprit...

« Qu'as-tu? » dit mon oncle.

Mes yeux tout ouverts se fixent sur lui sans le voir.

« Prends garde, Axel, tu vas tomber à la mer! »

En même temps, je me sens saisir vigoureusement par la main de Hans. Sans lui, sous l'empire de mon rêve, je me précipitais dans les flots.

« Est-ce qu'il devient fou? s'écrie le professeur.

— Qu'y a-t-il? dis-je enfin, en revenant à moi.

— Es-tu malade?

— Non, j'ai eu un moment d'hallucination, mais il est passé. Tout va bien, d'ailleurs?

— Oui! bonne brise, belle mer! nous filons rapidement, et si mon estime ne m'a pas trompé, nous ne pouvons tarder à atterrir. »

A ces paroles, je me lève, je consulte l'horizon; mais la ligne d'eau se confond toujours avec la ligne des nuages.

XXXIII

Samedi 15 août. — La mer conserve sa monotone uniformité. Nulle terre n'est en vue. L'horizon paraît excessivement reculé.

J'ai la tête encore alourdie par la violence de mon rêve.

Mon oncle n'a pas rêvé, lui, mais il est de mauvaise humeur; il parcourt tous les points de l'espace avec sa lunette et se croise les bras d'un air dépité.

Je remarque que le professeur Lidenbrock tend à redevenir l'homme impatient du passé, et je consigne le fait sur mon journal. Il a fallu mes dangers et mes souffrances pour tirer de lui quelque étincelle d'humanité; mais, depuis ma guérison, la nature a repris le dessus. Et cependant, pourquoi s'emporter? Le voyage ne s'accomplit-il pas dans les circonstances les plus favorables? Est-ce que le radeau ne file pas avec une merveilleuse rapidité?

« Vous semblez inquiet, mon oncle? dis-je, en le voyant souvent porter la lunette à ses yeux.

— Inquiet? Non.

— Impatient, alors?

— On le serait à moins!

— Cependant nous marchons avec vitesse...

— Que m'importe? Ce n'est pas la vitesse qui est trop petite, c'est la mer qui est trop grande! »

Je me souviens alors que le professeur, avant notre départ, estimait à une trentaine de lieues la longueur de ce souterrain. Or nous avons parcouru un chemin trois fois plus long, et les rivages du sud n'apparaissent pas encore.

« Nous ne descendons pas! reprend le professeur. Tout cela est du temps perdu, et, en somme, je ne suis pas venu si loin pour faire une partie de bateau sur un étang! »

Il appelle cette traversée une partie de bateau, et cette mer un étang!

« Mais, dis-je, puisque nous avons suivi la route indiquée par Saknussemm...

— C'est la question. Avons-nous suivi cette route? Saknussemm a-t-il rencontré cette étendue d'eau? L'a-t-il traversée? Ce ruisseau que nous avons pris pour guide ne nous a-t-il pas complètement égarés?

— En tout cas, nous ne pouvons regretter d'être venus jusqu'ici. Ce spectacle est magnifique, et...

— Il ne s'agit pas de voir. Je me suis proposé un but, et je veux l'atteindre! Ainsi ne me parle pas d'admirer! »

Je me le tiens pour dit, et je laisse le professeur se ronger les lèvres d'impatience. A six heures du soir, Hans réclame sa paye, et ses trois rixdales lui sont comptés.

Dimanche 16 août. — Rien de nouveau. Même temps. Le vent a une légère tendance à fraîchir. En me réveillant, mon premier soin est de constater l'intensité de la lumière. Je crains toujours que le phénomène électrique ne vienne à s'obscurcir, puis à s'éteindre. Il n'en est rien : l'ombre du radeau est nettement dessinée à la surface des flots.

Vraiment cette mer est infinie! Elle doit avoir la largeur de la Méditerranée, ou même de l'Atlantique. Pourquoi pas?

Mon oncle sonde à plusieurs reprises; il attache un des plus lourds pics à l'extrémité d'une corde qu'il laisse filer de deux cents brasses. Pas de fond. Nous avons beaucoup de peine à ramener notre sonde.

Quand le pic est remonté à bord, Hans me fait remarquer à sa surface des empreintes fortement accusées. On dirait que ce morceau de fer a été vigoureusement serré entre deux corps durs.

Je regarde le chasseur.

« Tänder! » fait-il.

Je ne comprends pas. Je me tourne vers mon oncle, qui est entièrement absorbé dans ses réflexions. Je ne me soucie pas de le déranger. Je reviens vers l'Islandais. Celui-ci, ouvrant et refermant plusieurs fois la bouche, me fait comprendre sa pensée.

« Des dents! » dis-je avec stupéfaction en considérant plus attentivement la barre de fer.

Oui! ce sont bien des dents dont l'empreinte s'est incrustée dans le métal! Les mâchoires qu'elles garnissent doivent posséder une force prodigieuse! Est-ce un monstre des espèces perdues qui s'agite sous la couche profonde des eaux, plus vorace que le squale, plus redoutable que la baleine! Je ne puis détacher mes regards de cette barre à demi rongée! Mon rêve de la nuit dernière va-t-il devenir une réalité?

Ces pensées m'agitent pendant tout le jour, et mon imagination se calme à peine dans un sommeil de quelques heures.

Lundi 17 août. — Je cherche à me rappeler les instincts particuliers à ces animaux antédiluviens de l'époque secondaire, qui, succédant aux mollusques, aux crustacés et aux poissons, précédèrent l'apparition des mammifères sur le globe. Le monde appartenait alors aux reptiles. Ces monstres régnaient en maîtres dans les mers jurassiques [1]. La nature leur avait accordé la plus complète organisation. Quelle gigantesque structure! quelle force prodigieuse! Les sauriens actuels, alligators ou crocodiles, les plus gros et les plus redoutables, ne sont que des réductions affaiblies de leurs pères des premiers âges!

Je frissonne à l'évocation que je fais de ces monstres. Nul œil humain ne les a vus vivants. Ils apparurent sur la terre mille siècles avant l'homme, mais leurs ossements fossiles, retrouvés dans ce calcaire argileux que les Anglais

---

1. Mers de la période secondaire qui ont formé les terrains dont se composent les montagnes du Jura.

nomment le lias, ont permis de les reconstruire anatomiquement et de connaitre leur colossale conformation.

J'ai vu au Muséum de Hambourg le squelette de l'un de ces sauriens qui mesurait trente pieds de longueur. Suis-je donc destiné, moi, habitant de la terre, à me trouver face à face avec ces représentants d'une famille antédiluvienne ? Non ! c'est impossible. Cependant la marque des dents puissantes est gravée sur la barre de fer, et à leur empreinte je reconnais qu'elles sont coniques comme celles du crocodile.

Mes yeux se fixent avec effroi sur la mer ; je crains de voir s'élancer l'un de ces habitants des cavernes sous-marines.

Je suppose que le professeur Lidenbrock partage mes idées, sinon mes craintes, car, après avoir examiné le pic, il parcourt l'océan du regard.

« Au diable, dis-je en moi-même, cette idée qu'il a eue de sonder ! Il a troublé quelque animal marin dans sa retraite, et si nous ne sommes pas attaqués en route !... »

Je jette un coup d'œil sur les armes, et je m'assure qu'elles sont en bon état. Mon oncle me voit faire et m'approuve du geste.

Déjà de larges agitations produites à la surface des flots indiquent le trouble des couches reculées. Le danger est proche. Il faut veiller.

Mardi 18 août. — Le soir arrive, ou plutôt le moment où le sommeil alourdit nos paupières, car la nuit manque à cet océan, et l'implacable lumière fatigue obstinément nos yeux, comme si nous naviguions sous le soleil des mers arctiques. Hans est à la barre. Pendant son quart je m'endors.

Deux heures après, une secousse épouvantable me réveille. Le radeau a été soulevé hors des flots avec une indescriptible puissance et rejeté à vingt toises de là.

« Qu'y a-t-il? s'écrie mon oncle; avons-nous touché? »

Hans montre du doigt, à une distance de deux cents toises, une masse noirâtre qui s'élève et s'abaisse tour à tour. Je regarde et je m'écrie :

« C'est un marsouin colossal!

— Oui, réplique mon oncle, et voilà maintenant un lézard de mer d'une grosseur peu commune.

— Et plus loin un crocodile monstrueux! Voyez sa large mâchoire et les rangées de dents dont elle est armée. Ah! il disparait!

— Une baleine! une baleine! s'écrie alors le professeur. J'aperçois ses nageoires énormes! Vois l'air et l'eau qu'elle chasse par ses évents! »

En effet, deux colonnes liquides s'élèvent à une hauteur considérable au-dessus de la mer. Nous restons surpris, stupéfaits, épouvantés, en présence de ce troupeau de monstres marins. Ils ont des dimensions surnaturelles, et le moindre d'entre eux briserait le radeau d'un coup de dent. Hans veut mettre la barre au vent, afin de fuir ce voisinage dangereux ; mais il aperçoit sur l'autre bord d'autres ennemis non moins redoutables : une tortue large de quarante pieds, et un serpent long de trente, qui darde sa tête énorme au-dessus des flots.

Impossible de fuir. Ces reptiles s'approchent ; ils tournent autour du radeau avec une rapidité que des convois lancés à grande vitesse ne sauraient égaler ; ils tracent autour de lui des cercles concentriques. J'ai pris ma carabine. Mais quel effet peut produire une balle sur les écailles dont le corps de ces animaux est recouvert ?

Nous sommes muets d'effroi. Les voici qui s'approchent! D'un côté le crocodile, de l'autre le serpent. Le reste du troupeau marin a disparu. Je vais faire feu. Hans m'arrête d'un signe. Les deux monstres passent à cinquante toises du radeau, se précipitent l'un sur l'autre, et leur fureur les empêche de nous apercevoir.

Le combat s'engage à cent toises du radeau. Nous voyons distinctement les deux monstres aux prises.

Mais il me semble que maintenant les autres animaux viennent prendre part à la lutte, le marsouin, la baleine, le lézard, la tortue ; à chaque instant je les entrevois. Je les montre à l'Islandais. Celui-ci remue la tête négativement.

« Tva », fait-il ?

— Quoi ! deux ! Il prétend que deux animaux seulement...

— Il a raison, s'écrie mon oncle, dont la lunette n'a pas quitté les yeux.

— Par exemple !

— Oui ! le premier de ces monstres a le museau d'un marsouin, la tête d'un lézard, les dents d'un crocodile, et voilà ce qui nous a trompés. C'est le plus redoutable des reptiles antédiluviens, l'Ichthyosaurus !

— Et l'autre ?

— L'autre, c'est un serpent caché dans la carapace d'une tortue, le terrible ennemi du premier, le Plesiosaurus ! »

Hans a dit vrai. Deux monstres seulement troublent ainsi la surface de la mer, et j'ai devant les yeux deux reptiles des océans primitifs. J'aperçois l'œil sanglant de l'Ichthyosaurus, gros comme la tête d'un homme. La nature l'a doué d'un appareil d'optique d'une extrême puissance et capable de résister à la pression des couches d'eau dans les profondeurs qu'il habite. On l'a justement nommé la baleine des Sauriens, car il en a la rapidité et la taille. Celui-ci ne mesure pas moins de cent pieds, et je peux juger de sa grandeur quand il dresse au-dessus des flots les nageoires verticales de sa queue. Sa mâchoire est énorme, et d'après les naturalistes, elle ne compte pas moins de cent quatre-vingt-deux dents.

Le Plesiosaurus, serpent à tronc cylindrique, à queue courte, a les pattes disposées en forme de rame. Son corps est entièrement revêtu d'une carapace, et son cou, flexible comme celui du cygne, se dresse à trente pieds au-dessus des flots?

Ces animaux s'attaquent avec une indescriptible furie. Ils soulèvent des montagnes liquides qui s'étendent jusqu'au radeau. Vingt fois nous sommes sur le point de chavirer. Des sifflements d'une prodigieuse intensité se font entendre. Les deux bêtes sont enlacées. Je ne puis les distinguer l'une de l'autre! Il faut tout craindre de la rage du vainqueur.

Une heure, deux heures se passent. La lutte continue avec le même acharnement. Les combattants se rapprochent du radeau et s'en éloignent tour à tour. Nous restons immobiles, prêts à faire feu.

Soudain l'Ichthyosaurus et le Plesiosaurus disparaissent en creusant un véritable maëlstrom. Le combat va-t-il se terminer dans les profondeurs de la mer?

Mais tout à coup une tête énorme s'élance au dehors, la tête du Plesiosaurus. Le monstre est blessé à mort. Je n'aperçois plus son immense carapace. Seulement, son long cou se dresse, s'abat, se relève, se recourbe, cingle les flots comme un fouet gigantesque et se tord comme un ver coupé. L'eau rejaillit à une distance considérable. Elle nous aveugle. Mais bientôt l'agonie du reptile touche à sa fin, ses mouvements diminuent, ses contorsions s'apaisent, et ce long tronçon de serpent s'étend comme une masse inerte sur les flots calmés.

Quant à l'Ichthyosaurus, a-t-il donc regagné sa caverne sous-marine, ou va-t-il reparaître à la surface de la mer?

XXXIV

Mercredi 19 août. — Heureusement le vent, qui souffle avec force, nous a permis de fuir rapidement le théâtre du combat. Hans est toujours au gouvernail. Mon oncle, tiré de ses absorbantes idées par les incidents de ce combat, retombe dans son impatiente contemplation de la mer.

Le voyage reprend sa monotone uniformité, que je ne tiens pas à rompre au prix des dangers d'hier.

Jeudi 20 août. — Brise N.-N.-E. assez inégale. Température chaude. Nous marchons avec une vitesse de trois lieues et demie à l'heure.

Vers midi un bruit très éloigné se fait entendre.

Je consigne ici le fait sans pouvoir en donner l'explication. C'est un mugissement continu.

« Il y a au loin, dit le professeur, quelque rocher, ou quelque îlot sur lequel la mer se brise. »

Hans se hisse au sommet du mât, mais ne signale aucun écueil. L'océan est uni jusqu'à sa ligne d'horizon.

Trois heures se passent. Les mugissements semblent provenir d'une chute d'eau éloignée.

Je le fais remarquer à mon oncle, qui secoue la tête. J'ai pourtant la conviction que je ne me trompe pas. Courons-nous donc à quelque cataracte qui nous précipitera dans l'abîme? Que cette manière de descendre plaise au professeur, parce qu'elle se rapproche de la verticale, c'est possible, mais à moi...

En tout cas, il doit y avoir à quelques lieues au vent un phénomène bruyant, car maintenant les mugissements se font entendre avec une grande violence. Viennent-ils du ciel ou de l'océan?

Je porte mes regards vers les vapeurs suspendues dans l'atmosphère, et je cherche à sonder leur profondeur. Le ciel est tranquille; les nuages, emportés au plus haut de la voûte, semblent immobiles et se perdent dans l'intense irradiation de la lumière. Il faut donc chercher ailleurs la cause de ce phénomène.

J'interroge alors l'horizon pur et dégagé de toute brume. Son aspect n'a pas changé. Mais si ce bruit vient d'une chute, d'une cataracte; si tout cet océan se précipite dans un bassin inférieur, si ces mugissements sont produits par une masse d'eau qui tombe, le courant doit s'activer, et sa vitesse croissante peut me donner la mesure du péril dont nous sommes menacés. Je consulte le courant. Il est nul. Une bouteille vide que je jette à la mer reste sous le vent.

Vers quatre heures, Hans se lève, se cramponne au mât et monte à son extrémité. De là son regard parcourt l'arc de cercle que l'océan décrit devant le radeau et s'arrête à un point. Sa figure n'exprime aucune surprise, mais son œil est devenu fixe.

« Il a vu quelque chose, dit mon oncle.

— Je le crois. »

Hans redescend, puis il étend son bras vers le sud en disant :

« Der nere! »

— Là-bas? » répond mon oncle.

Et saisissant sa lunette, il regarde attentivement pendant une minute, qui me paraît un siècle.

« Oui, oui! s'écrie-t-il.

— Que voyez-vous?

— Une gerbe immense qui s'élève au-dessus des flots.

— Encore quelque animal marin?
— Peut-être.
— Alors mettons le cap plus à l'ouest, car nous savons à quoi nous en tenir sur le danger de rencontrer ces monstres antédiluviens!
— Laissons aller, » répond mon oncle.

Je me retourne vers Hans. Hans maintient sa barre avec une inflexible rigueur.

Cependant, si de la distance qui nous sépare de cet animal, et qu'il faut estimer à douze lieues au moins, on peut apercevoir la colonne d'eau chassée par ses évents, il doit être d'une taille surnaturelle. Fuir serait se conformer aux lois de la plus vulgaire prudence. Mais nous ne sommes pas venus ici pour être prudents.

On va donc en avant. Plus nous approchons, plus la gerbe grandit. Quel monstre peut s'emplir d'une pareille quantité d'eau et l'expulser ainsi sans interruption?

A huit heures du soir nous ne sommes pas à deux lieues de lui. Son corps noirâtre, énorme, monstrueux, s'étend dans la mer comme un îlot. Est-ce illusion? est-ce effroi? Sa longueur me paraît dépasser mille toises! Quel est donc ce cétacé que n'ont prévu ni les Cuvier ni les Blumembach? Il est immobile et comme endormi; la mer semble ne pouvoir le soulever, et ce sont les vagues qui ondulent sur ses flancs. La colonne d'eau, projetée à une hauteur de cinq cents pieds retombe avec un bruit assourdissant. Nous courons en insensés vers cette masse puissante que cent baleines ne nourriraient pas pour un jour.

La terreur me prend. Je ne veux pas aller plus loin! Je couperai, s'il le faut, la drisse de la voile! Je me révolte contre le professeur, qui ne me répond pas.

Tout à coup Hans se lève, et montrant du doigt le point menaçant :

« Holme! » dit-il.

— Une ile! s'écrie mon oncle.

— Une ile! dis-je à mon tour en haussant les épaules.

— Évidemment, répond le professeur en poussant un vaste éclat de rire.

— Mais cette colonne d'eau!

— Geyser¹ fait Hans.

— Eh! sans doute, geyser, riposte mon oncle, un geyser pareil à ceux de l'Islande! »

Je ne veux pas, d'abord, m'être trompé si grossièrement. Avoir pris un îlot pour un monstre marin! Mais l'évidence se fait, et il faut enfin convenir de mon erreur. Il n'y a là qu'un phénomène naturel.

A mesure que nous approchons, les dimensions de la gerbe liquide deviennent grandioses. L'îlot

1. Source jaillissante très célèbre située au pied de l'Hécla.

représente à s'y méprendre un cétacé immense dont la tête domine les flots à une hauteur de dix toises. Le geyser, mot que les Islandais prononcent « geysir » et qui signifie « fureur », s'élève majestueusement à son extrémité. De sourdes détonations éclatent par instants, et l'énorme jet, pris de colères plus violentes, secoue son panache de vapeurs en bondissant jusqu'à la première couche de nuages. Il est seul. Ni fumerolles, ni sources chaudes ne l'entourent, et toute la puissance volcanique se résume en lui. Les rayons de la lumière électrique viennent se mêler à cette gerbe éblouissante, dont chaque goutte se nuance de toutes les couleurs du prisme.

« Accostons, » dit le professeur.

Mais il faut éviter avec soin cette trombe d'eau, qui coulerait le radeau en un instant. Hans, manœuvrant adroitement, nous amène à l'extrémité de l'îlot.

Je saute sur le roc; mon oncle me suit lestement, tandis que le chasseur demeure à son poste, comme un homme au-dessus de ces étonnements.

Nous marchons sur un granit mêlé de tuf siliceux; le sol frissonne sous nos pieds comme les flancs d'une chaudière où se tord de la vapeur surchauffée; il est brûlant. Nous arrivons en vue d'un petit bassin central d'où s'élève le geyser. Je plonge dans l'eau qui coule en bouillonnant un thermomètre à déversement, et il marque une chaleur de cent soixante-trois degrés.

Ainsi donc cette eau sort d'un foyer ardent. Cela contredit singulièrement les théories du professeur Lidenbrock. Je ne puis m'empêcher d'en faire la remarque.

« Eh bien, réplique-t-il, qu'est-ce que cela prouve contre ma doctrine ?

— Rien, » dis-je d'un ton sec, en voyant que je me heurte à un entêtement absolu.

Néanmoins, je suis forcé d'avouer que nous sommes singulièrement favorisés jusqu'ici, et que, pour une raison qui m'échappe, ce voyage s'accomplit dans des conditions particulières de température; mais il me paraît évident, certain, que nous arriverons un jour ou l'autre à ces régions où la chaleur centrale atteint les plus hautes limites et dépasse toutes les graduations des thermomètres.

Nous verrons bien. C'est le mot du professeur, qui, après avoir baptisé cet îlot volcanique du nom de son neveu, donne le signal de l'embarquement.

Je reste pendant quelques minutes encore à contempler le geyser. Je remarque que son jet est irrégulier dans ses accès, qu'il diminue parfois d'intensité, puis reprend avec une nouvelle vigueur, ce que j'attribue aux variations de pression des vapeurs accumulées dans son réservoir.

Enfin nous partons en contournant les roches très accores du sud. Hans a profité de cette halte pour remettre le radeau en état.

Mais avant de déborder je fais quelques observations pour calculer la distance parcourue, et je les note sur mon journal. Nous avons franchi deux cent soixante-dix lieues de mer depuis Port-Graüben, et nous sommes à six cent vingt lieues de l'Islande, sous l'Angleterre.

XXXV

Vendredi 21 août. — Le lendemain le magnifique geyser a disparu. Le vent a fraîchi, et nous a rapidement éloignés de l'îlot Axel. Les mugissements se sont éteints peu à peu.

Le temps, s'il est permis de s'exprimer ainsi, va changer avant peu. L'atmosphère se charge de vapeurs qui emportent avec elles l'électricité formée par l'évaporation des eaux salines, les nuages s'abaissent sensiblement et prennent une teinte uniformément olivâtre; les rayons électriques peuvent à peine percer cet opaque rideau baissé sur le théâtre où va se jouer le drame des tempêtes.

Je me sens particulièrement impressionné, comme l'est sur terre toute créature à l'approche d'un cataclysme. Les « cumulus [1] » entassés dans le sud présentent un aspect sinistre; ils ont cette apparence « impitoyable » que j'ai souvent remarquée au début des orages. L'air est lourd, la mer est calme.

Au loin les nuages ressemblent à de grosses balles de coton amoncelées dans un pittoresque désordre; peu à peu ils se gonflent et perdent en nombre ce qu'ils gagnent en grandeur; leur pesanteur est telle qu'ils ne peuvent se détacher de l'horizon; mais, au souffle des courants élevés, ils se fondent peu à peu, s'assombrissent et présentent bientôt une couche unique d'un aspect redoutable; parfois une pelote de vapeurs, encore éclairée, rebondit sur ce tapis grisâtre et va se perdre bientôt dans la masse opaque.

Évidemment l'atmosphère est saturée de fluide, j'en suis tout imprégné, mes cheveux se dressent sur ma tête comme aux abords d'une machine électrique. Il me semble que, si mes compagnons me touchaient en ce moment, ils recevraient une commotion violente.

A dix heures du matin, les symptômes de l'orage sont plus décisifs; on dirait que le vent mollit pour mieux reprendre haleine; la nue ressemble à une outre immense dans laquelle s'accumulent les ouragans.

1. Nuages de formes arrondies.

VI

UN DISQUE DE FEU APPARAIT. (PAGE 274.)

Je ne veux pas croire aux mondes du ciel, et cependant je ne puis m'empêcher de dire :

« Voilà du mauvais temps qui se prépare. »

Le professeur ne répond pas. Il est d'une humeur massacrante, à voir l'océan se prolonger indéfiniment devant ses yeux. Il hausse les épaules à mes paroles.

« Nous aurons de l'orage, dis-je en étendant la main vers l'horizon ; ces nuages s'abaissent sur la mer comme pour l'écraser ! »

Silence général. Le vent se tait. La nature a l'air d'une morte et ne respire plus. Sur le mât, où je vois déjà poindre un léger feu Saint-Elme, la voile détendue tombe en plis lourds. Le radeau est immobile au milieu d'une mer épaisse et sans ondulations. Mais, si nous ne marchons plus, à quoi bon conserver cette toile, qui peut nous mettre en perdition au premier choc de la tempête ?

« Amenons-la, dis-je, abattons notre mât : cela sera prudent.

— Non, par le diable ! s'écrie mon oncle, cent fois non ! Que le vent nous saisisse ! que l'orage nous emporte ! mais que j'aperçoive enfin les rochers d'un rivage, quand notre radeau devrait s'y briser en mille pièces ! »

Ces paroles ne sont pas achevées que l'horizon du sud change subitement d'aspect ; les vapeurs accumulées se résolvent en eau, et l'air, violemment appelé pour combler les vides produits par la condensation, se fait ouragan. Il vient des extrémités les plus reculées de la caverne. L'obscurité redouble. C'est à peine si je puis prendre quelques notes incomplètes.

Le radeau se soulève, il bondit. Mon oncle est jeté de son banc. Je me traîne jusqu'à lui. Il s'est fortement cramponné à un bout de câble et paraît considérer avec plaisir ce spectacle des éléments déchaînés.

Hans ne bouge pas. Ses longs cheveux, repoussés par l'ouragan et ramenés sur sa face immobile, lui donnent une étrange physionomie, car chacune de leurs extrémités est hérissée de petites aigrettes lumineuses. Son masque effrayant est celui d'un homme antédiluvien, contemporain des Ichthyosaures et des Megatherium.

Cependant le mât résiste. La voile se tend comme une bulle prête à crever. Le radeau file avec un emportement que je ne puis estimer, mais moins vite encore que ces gouttes d'eau déplacées sous lui, dont la rapidité fait des lignes droites et nettes.

« La voile! la voile! dis-je, en faisant signe de l'abaisser.

— Non! répond mon oncle.

— Nej, » fait Hans en remuant doucement la tête.

Cependant la pluie forme une cataracte mugissante devant cet horizon vers lequel nous courons en insensés. Mais avant qu'elle n'arrive jusqu'à nous le voile de nuage se déchire, la mer entre en ébullition et l'électricité, produite par une vaste action chimique qui s'opère dans les couches supérieures, est mise en jeu. Aux éclats du tonnerre se mêlent les jets étincelants de la foudre; des éclairs sans nombre s'entre-croisent au milieu des détonations; la masse des vapeurs devient incandescente; les grêlons qui frappent le métal de nos outils ou de nos armes se font lumineux; les vagues soulevées semblent être autant de mamelons ignivomes sous lesquels couve un feu intérieur, et dont chaque crête est empanachée d'une flamme.

Mes yeux sont éblouis par l'intensité de la lumière, mes oreilles brisées par le fracas de la foudre; il faut me retenir au mât, qui plie comme un roseau sous la violence de l'ouragan. . . . . .
. . . .
. . . .

[Ici mes notes de voyage devinrent très incomplètes. Je n'ai plus retrouvé que quelques observations fugitives et prises machinalement pour ainsi dire. Mais, dans leur brièveté, dans leur obscurité même, elles sont empreintes de l'émotion qui me dominait, et mieux que ma mémoire elles me donnent le sentiment de notre situation.]

. . . .
. . . .

Dimanche 23 août. — Où sommes-nous? Emportés avec une incomparable rapidité.

La nuit a été épouvantable. L'orage ne se calme pas. Nous vivons dans un milieu de bruit, une détonation incessante. Nos oreilles saignent. On ne peut échanger une parole.

Les éclairs ne discontinuent pas. Je vois des zigzags rétrogrades qui, après un jet rapide, reviennent de bas en haut et vont frapper la voûte de granit. Si elle allait s'écrouler! D'autres éclairs se bifurquent ou prennent la forme de globes de feu qui éclatent comme des bombes. Le bruit général ne paraît pas s'en accroître; il a dépassé la limite d'intensité que peut percevoir l'oreille humaine, et, quand toutes les poudrières du monde viendraient à sauter ensemble, nous ne saurions en entendre davantage.

Il y a émission continue de lumière à la surface des nuages; la matière électrique se dégage incessamment de leurs molécules; évidemment les principes gazeux de l'air sont altérés; des colonnes d'eau innombrables s'élancent dans l'atmosphère et retombent en écumant.

Où allons-nous?... Mon oncle est couché tout de son long à l'extrémité du radeau.

La chaleur redouble. Je regarde le thermomètre; il indique... [Le chiffre est effacé.]

Lundi 24 août. — Cela ne finira pas! Pourquoi l'état de cette atmosphère si dense, une fois modifié, ne serait-il pas définitif?

Nous sommes brisés de fatigue. Hans comme à l'ordinaire. Le radeau court invariablement vers le sud-est. Nous avons fait plus de deux cents lieues depuis l'îlot Axel.

A midi la violence de l'ouragan redouble; il faut lier solidement tous les objets composant la cargaison. Chacun de nous s'attache également. Les flots passent par-dessus notre tête.

Impossible de s'adresser une seule parole depuis trois jours. Nous ouvrons la bouche, nous remuons nos lèvres; il ne se produit aucun son appréciable. Même en se parlant à l'oreille on ne peut s'entendre.

Mon oncle s'est approché de moi. Il a articulé quelques paroles. Je crois qu'il m'a dit : « Nous sommes perdus. » Je n'en suis pas certain.

Je prends le parti de lui écrire ces mots : « Amenons notre voile. »

Il me fait signe qu'il y consent.

Sa tête n'a pas eu le temps de se relever de bas en haut qu'un disque de feu apparaît au bord du radeau. Le mât et la voile sont partis tout d'un bloc, et je les ai vus s'enlever à une prodigieuse hauteur, semblables au Ptérodactyle, cet oiseau fantastique des premiers siècles.

Nous sommes glacés d'effroi; la boule mi-partie

blanche, mi-partie azurée, de la grosseur d'une bombe de dix pouces, se promène lentement, en tournant avec une surprenante vitesse sous la lanière de l'ouragan. Elle vient ici, là, monte sur un des bâtis du radeau, saute sur le sac aux provisions, redescend légèrement, bondit, effleure la caisse à poudre. Horreur! Nous allons sauter! Non! Le disque éblouissant s'écarte; il s'approche de Hans, qui le regarde fixement; de mon oncle, qui se précipite à genoux pour l'éviter; de moi, pâle et frissonnant sous l'éclat de la lumière et de la chaleur; il pirouette près de mon pied, que j'essaye de retirer. Je ne puis y parvenir.

Une odeur de gaz nitreux remplit l'atmosphère; elle pénètre le gosier, les poumons. On étouffe.

Pourquoi ne puis-je retirer mon pied? Il est donc rivé au radeau? Ah! la chute de ce globe électrique a aimanté tout le fer du bord; les instruments, les outils, les armes s'agitent en se heurtant avec un cliquetis aigu; les clous de ma chaussure adhèrent violemment à une plaque de fer incrustée dans le bois. Je ne puis retirer mon pied!

Enfin, par un violent effort, je l'arrache au moment où la boule allait le saisir dans son mouvement giratoire et m'entraîner moi-même, si...

Ah! quelle lumière intense! le globe éclate! nous sommes couverts par des jets de flammes!

Puis tout s'éteint. J'ai eu le temps de voir mon oncle étendu sur le radeau; Hans toujours à sa

barre et « crachant du feu » sous l'influence de
l'électricité qui le pénètre !

Où allons-nous ? où allons-nous ?

. . . .

Mardi 25 août. — Je sors d'un évanouissement
prolongé ; l'orage continue ; les éclairs se déchaînent comme une couvée de serpents lâchée dans
l'atmosphère.

Sommes-nous toujours sur la mer ? Oui, et emportés avec une vitesse incalculable. Nous avons
passé sous l'Angleterre, sous la Manche, sous la
France, sous l'Europe entière, peut-être !

. . . .

Un bruit nouveau se fait entendre ! Évidemment, la mer qui se brise sur des rochers !.....
Mais alors.....

. . . .
. . . .

XXXVI

Ici se termine ce que j'ai appelé « le journal
du bord, » si heureusement sauvé du naufrage.
Je reprends mon récit comme devant.

Ce qui se passa au choc du radeau contre les

écueils de la côte, je ne saurais le dire. Je me sentis précipité dans les flots, et si j'échappai à la mort, si mon corps ne fut pas déchiré sur les rocs aigus, c'est que le bras vigoureux de Hans me retira de l'abîme.

Le courageux Islandais me transporta hors de la portée des vagues, sur un sable brûlant où je me trouvai côte à côte avec mon oncle.

Puis il revint vers ces rochers auxquels se heurtaient les lames furieuses, afin de sauver quelques épaves du naufrage. Je ne pouvais parler; j'étais brisé d'émotions et de fatigues; il me fallut une grande heure pour me remettre.

Cependant une pluie diluvienne continuait à tomber, mais avec ce redoublement qui annonce la fin des orages. Quelques rocs superposés nous offrirent un abri contre les torrents du ciel. Hans prépara des aliments auxquels je ne pus toucher, et chacun de nous, épuisé par les veilles de trois nuits, tomba dans un douloureux sommeil.

Le lendemain le temps était magnifique. Le ciel et la mer s'étaient apaisés d'un commun accord. Toute trace de tempête avait disparu. Ce furent les paroles joyeuses du professeur qui saluèrent mon réveil.

« Eh bien, mon garçon, s'écria-t-il, as-tu bien dormi? »

N'eût-on pas dit que nous étions dans la maison de König-strasse, que je descendais tranquillement pour déjeuner et que mon mariage avec la pauvre Graüben allait s'accomplir ce jour même?

Hélas! pour peu que la tempête eût jeté le radeau dans l'est, nous avions passé sous l'Allemagne, sous ma chère ville de Hambourg, sous cette rue où demeurait tout ce que j'aimais au monde. Alors quarante lieues m'en séparaient à peine! Mais quarante lieues verticales d'un mur de granit, et en réalité, plus de mille lieues à franchir!

Toutes ces douloureuses réflexions traversèrent rapidement mon esprit avant que je ne répondisse à la question de mon oncle.

« Ah çà! répéta-t-il, tu ne veux pas me dire si tu as bien dormi?

— Très bien, répondis-je; je suis encore brisé, mais cela ne sera rien.

— Absolument rien, un peu de fatigue, et voilà tout.

— Mais vous me paraissez bien gai, ce matin, mon oncle.

— Enchanté, mon garçon! enchanté! Nous sommes arrivés!

— Au terme de notre expédition?

— Non, mais au bout de cette mer qui n'en finissait pas. Nous allons reprendre maintenant la voie de terre et nous enfoncer véritablement dans les entrailles du globe.

— Mon oncle, permettez-moi une question.

— Je te la permets, Axel.

— Et le retour ?

— Le retour ! Ah ! tu penses à revenir quand on n'est même pas arrivé ?

— Non, je veux seulement demander comment il s'effectuera.

— De la manière la plus simple du monde. Une fois arrivés au centre du sphéroïde, où nous trouverons une route nouvelle pour remonter à sa surface, ou nous reviendrons tout bourgeoisement par le chemin déjà parcouru. J'aime à penser qu'il ne se fermera pas derrière nous.

— Alors il faudra remettre le radeau en bon état.

— Nécessairement.

— Mais les provisions, en reste-t-il assez pour accomplir toutes ces grandes choses ?

— Oui, certes. Hans est un garçon habile, et je suis sûr qu'il a sauvé la plus grande partie de la cargaison. Allons nous en assurer, d'ailleurs. »

Nous quittâmes cette grotte ouverte à toutes les brises. J'avais un espoir qui était en même temps une crainte ; il me semblait impossible que le terrible abordage du radeau n'eût pas anéanti tout ce qu'il portait. Je me trompais. A mon arrivée sur le rivage, j'aperçus Hans au milieu d'une foule d'objets rangés avec ordre. Mon oncle lui serra la main avec un vif sentiment de reconnaissance. Cet homme, d'un dévouement surhumain dont on ne trouverait peut-être pas d'autre exemple, avait travaillé pendant que nous dormions et sauvé les objets les plus précieux au péril de sa vie.

Ce n'est pas que nous n'eussions fait des pertes assez sensibles, nos armes, par exemple ; mais enfin on pouvait s'en passer. La provision de poudre était demeurée intacte, après avoir failli sauter pendant la tempête.

« Eh bien, s'écria le professeur, puisque les fusils manquent, nous en serons quittes pour ne pas chasser.

— Bon ; mais les intruments ?

— Voici le manomètre, le plus utile de tous, et pour lequel j'aurais donné les autres ! Avec lui, je puis calculer la profondeur et savoir quand nous aurons atteint le centre. Sans lui, nous risquerions d'aller au delà et de ressortir par les antipodes ! »

Cette gaîté était féroce.

« Mais la boussole ? demandai-je.

— La voici, sur ce rocher, en parfait état, ainsi que le chronomètre et les thermomètres. Ah ! le chasseur est un homme précieux ! »

Il fallait bien le reconnaître, en fait d'instruments, rien ne manquait. Quant aux outils et aux engins, j'aperçus, épars sur le sable, échelles, cordes, pics, pioches, etc.

Cependant il y avait encore la question des vivres à élucider.

« Et les provisions ? dis-je.

— Voyons les provisions, » répondit mon oncle.

Les caisses qui les contenaient étaient alignées sur la grève dans un parfait état de conservation ; la mer les avait respectées pour la plupart, et somme toute, en biscuits, viande salée, genièvre et poissons secs, on pouvait compter encore sur quatre mois de vivres.

« Quatre mois ! s'écria le professeur ; nous avons le temps d'aller et de revenir, et avec ce qui restera je veux donner un grand dîner à tous mes collègues du Johannæum ! »

J'aurais dû être fait, depuis longtemps, au tempérament de mon oncle, et pourtant cet homme-là m'étonnait toujours.

« Maintenant, dit-il, nous allons refaire notre provision d'eau avec la pluie que l'orage a versée dans tous ces bassins de granit ; par conséquent, nous n'avons pas à craindre d'être pris par la soif. Quant au radeau, je vais recommander à Hans de le réparer de son mieux, quoiqu'il ne doive plus nous servir, j'imagine !

— Comment cela ? m'écriai-je.

— Une idée à moi, mon garçon ! Je crois que nous ne sortirons pas par où nous sommes entrés. »

Je regardai le professeur avec une certaine défiance ; je me demandai s'il n'était pas devenu fou. Et cependant « il ne savait pas si bien dire. »

« Allons déjeuner, » reprit-il.

Je le suivis sur un cap élevé, après qu'il eut donné ses instructions au chasseur. Là, de la viande sèche, du biscuit et du thé composèrent un repas excellent, et, je dois l'avouer, un des meilleurs que j'eusse fait de ma vie. Le besoin, le grand air, le calme après les agitations, tout contribuait à me mettre en appétit.

Pendant le déjeuner, je posai à mon oncle la question de savoir où nous étions en ce moment.

« Cela, dis-je, me parait difficile à calculer.

— A calculer exactement, oui, répondit-il; c'est même impossible, puisque, pendant ces trois jours de tempête, je n'ai pu tenir note de la vitesse et de la direction du radeau; mais cependant nous pouvons relever notre situation à l'estime.

— En effet, la dernière observation a été faite à l'îlot du geyser...

— A l'îlot Axel, mon garçon. Ne décline pas cet honneur d'avoir baptisé de ton nom la première île découverte au centre du massif terrestre.

— Soit! A l'îlot Axel, nous avions franchi environ deux cent soixante-dix lieues de mer et nous nous trouvions à plus de six cents lieues de l'Islande.

— Bien! partons de ce point alors et comptons quatre jours d'orage, pendant lesquels notre vitesse n'a pas dû être inférieure à quatre-vingts lieues par vingt-quatre heures.

— Je le crois. Ce serait donc trois cents lieues à ajouter.

— Oui, et la mer Lidenbrock aurait à peu près six cents lieues d'un rivage à l'autre! Sais-tu bien, Axel, qu'elle peut lutter de grandeur avec la Méditerranée?

— Oui, surtout si nous ne l'avons traversée que dans sa largeur!

— Ce qui est fort possible!

— Et, chose curieuse, ajoutai-je, si nos calculs sont exacts, nous avons maintenant cette Méditerranée sur notre tête.

— Vraiment!

— Vraiment, car nous sommes à neuf cents lieues de Reykjawik!

— Voilà un joli bout de chemin, mon garçon; mais, que nous soyons plutôt sous la Méditerranée que sous la Turquie ou sous l'Atlantique, cela ne peut s'affirmer que si notre direction n'a pas dévié.

— Non, le vent paraissait constant; je pense donc que ce rivage doit être situé au sud-est de Port-Graüben.

— Bon, il est facile de s'en assurer en consultant la boussole. Allons consulter la boussole! »

Le professeur se dirigea vers le rocher sur lequel Hans avait déposé les instruments. Il était gai, allègre, il se frottait les mains, il prenait des poses! Un vrai jeune homme! Je le suivis, assez curieux de savoir si je ne me trompais pas dans mon estime.

Arrivé au rocher, mon oncle prit le compas, le posa horizontalement et observa l'aiguille, qui, après avoir oscillé, s'arrêta dans une position fixe sous l'influence magnétique.

Mon oncle regarda, puis il se frotta les yeux et regarda de nouveau. Enfin il se retourna de mon côté, stupéfait.

« Qu'y a-t-il ? » demandai-je.

Il me fit signe d'examiner l'instrument. Une exclamation de surprise m'échappa. La fleur de l'aiguille marquait le nord là où nous supposions le midi ! Elle se tournait vers la grève au lieu de montrer la pleine mer !

Je remuai la boussole, je l'examinai ; elle était en parfait état. Quelque position que l'on fît prendre à l'aiguille, celle-ci reprenait obstinément cette direction inattendue.

Ainsi donc, il ne fallait plus en douter, pendant la tempête une saute de vent s'était produite dont nous ne nous étions pas aperçus et avait ramené le radeau vers les rivages que mon oncle croyait laisser derrière lui.

XXXVII

Il me serait impossible de peindre la succession des sentiments qui agitèrent le professeur Lidenbrock, la stupéfaction, l'incrédulité et enfin la colère. Jamais je ne vis homme si décontenancé d'abord, si irrité ensuite. Les fatigues de la traversée, les dangers courus, tout était à recommencer! Nous avions reculé au lieu de marcher en avant!

Mais mon oncle reprit rapidement le dessus.

« Ah! la fatalité me joue de pareils tours! s'écria-t-il; les éléments conspirent contre moi! l'air, le feu et l'eau combinent leurs efforts pour s'opposer à mon passage! Eh bien! l'on saura ce que peut ma volonté. Je ne céderai pas, je ne reculerai pas d'une ligne, et nous verrons qui l'emportera de l'homme ou de la nature! »

Debout sur le rocher, irrité, menaçant, Otto Lidenbrock, pareil au farouche Ajax, semblait défier les dieux. Mais je jugeai à propos d'intervenir et de mettre un frein à cette fougue insensée.

« Écoutez-moi, lui dis-je d'un ton ferme. Il y a une limite à toute ambition ici-bas; il ne faut pas lutter contre l'impossible; nous sommes mal équipés pour un voyage sur mer ; cinq cents lieues ne se font pas sur un mauvais assemblage de poutres avec une couverture pour voile, un bâton en guise de mât, et contre les vents déchaînés. Nous ne pouvons gouverner, nous sommes le jouet des tempêtes, et c'est agir en fous que de tenter une seconde fois cette impossible traversée ! »

De ces raisons toutes irréfutables je pus dérouler la série pendant dix minutes sans être interrompu, mais cela vint uniquement de l'inattention du professeur, qui n'entendit pas un mot de mon argumentation.

« Au radeau ! » s'écria-t-il.

Telle fut sa réponse. J'eus beau faire, supplier, m'emporter : je me heurtai à une volonté plus dure que le granit.

Hans achevait en ce moment de réparer le radeau. On eût dit que cet être bizarre devinait les projets de mon oncle. Avec quelques morceaux de surtarbrandur il avait consolidé l'embarcation. Une voile s'y élevait déjà et le vent jouait dans ses plis flottants.

Le professeur dit quelques mots au guide, et aussitôt celui-ci d'embarquer les bagages et de tout disposer pour le départ. L'atmosphère était assez pure et le vent du nord-ouest tenait bon.

Que pouvais-je faire ? Résister seul contre deux ? Impossible. Si encore Hans se fût joint à moi,

Mais non! Il semblait que l'Islandais eût mis de côté toute volonté personnelle et fait vœu d'abnégation. Je ne pouvais rien obtenir d'un serviteur aussi inféodé à son maître. Il fallait marcher en avant.

J'allais donc prendre sur le radeau ma place accoutumée, quand mon oncle m'arrêta de la main.

« Nous ne partirons que demain, dit-il. »

Je fis le geste d'un homme résigné à tout.

« Je ne dois rien négliger, reprit-il, et puisque la fatalité m'a poussé sur cette partie de la côte, je ne la quitterai pas sans l'avoir reconnue. »

Cette remarque sera comprise quand on saura que nous étions revenus au rivage du nord, mais non pas à l'endroit même de notre premier départ. Port-Graüben devait être situé plus à l'ouest. Rien de plus raisonnable dès lors que d'examiner avec soin les environs de ce nouvel atterrissage.

« Allons à la découverte! » dis-je.

Et, laissant Hans à ses occupations, nous voilà partis. L'espace compris entre les relais de la mer et le pied des contre-forts était fort large; on pouvait marcher une demi-heure avant d'arriver à la paroi de rochers. Nos pieds écrasaient d'innombrables coquillages de toutes formes et de toutes grandeurs, où vécurent les animaux des premières époques. J'apercevais aussi d'énormes carapaces, dont le diamètre dépassait souvent quinze pieds. Elles avaient appartenu à ces gigantesques glyptodons de la période pliocène dont la tortue moderne n'est plus qu'une petite réduction. En outre le sol était semé d'une grande quantité de débris pierreux, sortes de galets arrondis par la lame et rangés en ligne successives. Je fus donc conduit à faire cette remarque, que la mer devait autrefois occuper cet espace. Sur les rocs épars et maintenant hors de ses atteintes, les flots avaient laissé des traces évidentes de leur passage.

Ceci pouvait expliquer jusqu'à un certain point l'existence de cet océan, à quarante lieues au-dessous de la surface du globe. Mais, suivant moi, cette masse d'eau devait se perdre peu à peu dans les entrailles de la terre, et elle provenait évidemment des eaux de l'Océan, qui se firent jour à travers quelque fissure. Cependant il fallait admettre que cette fissure était actuellement bouchée, car toute cette caverne, ou mieux, cet immense réservoir, se fût rempli dans un temps assez court. Peut-être même cette eau, ayant eu à lutter contre des feux souterrains, s'était vaporisée en partie. De là l'explication des nuages suspendus sur notre tête et le dégagement de cette électricité qui créait des tempêtes à l'intérieur du massif terrestre.

Cette théorie des phénomènes dont nous avions été témoins me paraissait satisfaisante, car, pour grandes que soient les merveilles de la nature, elles sont toujours explicables par des raisons physiques.

Nous marchions donc sur une sorte de terrain sédimentaire formé par les eaux, comme tous les terrains de cette période, si largement distribués à la surface du globe. Le professeur examinait attentivement chaque interstice de roche. Qu'une ouverture quelconque existât, et il devenait important pour lui d'en faire sonder la profondeur.

Pendant un mille, nous avions côtoyé les rivages de la mer Lidenbrock, quand le sol changea subitement d'aspect. Il paraissait bouleversé, convulsionné par un exhaussement violent des couches inférieures. En maint endroit, des enfoncements ou des soulèvements attestaient une dislocation puissante du massif terrestre.

Nous avancions difficilement sur ces cassures de granit, mélangées de silex, de quartz et de dépôts alluvionnaires, lorsqu'un champ, plus qu'un champ, une plaine d'ossements apparut à nos regards. On eût dit un cimetière immense, où les générations de vingt siècles confondaient leur éternelle poussière. De hautes extumescences de débris s'étageaient au loin. Elles ondulaient jusqu'aux limites de l'horizon et s'y perdaient dans une brume fondante. Là, sur trois milles carrés, peut-être, s'accumulait toute la vie de l'histoire animals, à peine écrite dans les terrains trop récents du monde habité.

Cependant une impatiente curiosité nous entraînait. Nos pieds écrasaient avec un bruit sec les restes de ces animaux antéhistoriques, et des fossiles dont les Muséums des grandes cités se disputent les rares et intéressants débris. L'existence de mille Cuvier n'aurait pas suffi à recomposer les squelettes des êtres organiques couchés dans ce magnifique ossuaire.

J'étais stupéfait. Mon oncle avait levé ses grands bras vers l'épaisse voûte qui nous servait de ciel. Sa bouche ouverte démesurément, ses yeux fulgurants sous la lentille de ses lunettes, sa tête remuant de haut en bas, de gauche à droite, toute sa posture enfin dénotait un étonnement sans borne. Il se trouvait devant une inappréciable collection de Leptotherium, de Mericotherium, de Mastodontes, de Protopithèques, de Ptérodactyles, de tous les monstres antédiluviens entassés là pour sa satisfaction personnelle. Qu'on se figure un bibliomane passionné transporté tout à coup dans cette fameuse bibliothèque d'Alexandrie brûlée par Omar et qu'un miracle aurait fait renaître de ses cendres ! Tel était mon oncle le professeur Lidenbrock.

Mais ce fut un bien autre émerveillement, quand, courant à travers cette poussière volcanique, il saisit un crâne dénudé, et s'écria d'une voix frémissante :

« Axel ! Axel ! une tête humaine !

— Une tête humaine ! mon oncle, répondis-je, non moins stupéfait.

— Oui, mon neveu ! Ah ! M. Milne-Edwards ! Ah ! M. de Quatrefages ! que n'êtes-vous là où je suis, moi, Otto Lidenbrock ! »

XXXVIII

Pour comprendre cette évocation faite par mon oncle à ces illlustres savants français, il faut savoir qu'un fait d'une haute importance en paléontologie s'était produit quelque temps avant notre départ.

Le 28 mars 1863, des terrassiers fouillant sous la direction de M. Boucher de Perthes les carrières de Moulin-Quignon, près Abbeville, dans le département de la Somme, en France, trouvèrent une mâchoire humaine à quatorze pieds au-dessous de la superficie du sol. C'était le premier fossile de cette espèce ramené à la lumière du grand jour. Près de lui se rencontrèrent des haches de pierre et des silex taillés, colorés et revêtus par le temps d'une patine uniforme.

Le bruit de cette découverte fut grand, non seulement en France, mais en Angleterre et en Allemagne. Plusieurs savants de l'Institut français, entre autres MM. Milne-Edwards et de Quatrefages, prirent l'affaire à cœur, démontrèrent l'incontestable authenticité de l'ossement en question, et se firent les plus ardents défenseurs de ce « procès de la mâchoire », suivant l'expression anglaise.

Aux géologues du Royaume-Uni qui tinrent le fait pour certain, MM. Falconer, Busk, Carpenter, etc., se joignirent des savants de l'Allemagne, et parmi eux, au premier rang, le plus fougueux, le plus enthousiaste, mon oncle Lidenbrock.

L'authenticité d'un fossile humain de l'époque quaternaire semblait donc incontestablement démontrée et admise.

Ce système, il est vrai, avait eu un adversaire acharné dans M. Élie de Beaumont. Ce savant de si haute autorité soutenait que le terrain de Moulin-Quignon n'appartenait pas au « diluvium », mais à une couche moins ancienne, et, d'accord en cela avec Cuvier, il n'admettait pas que l'espèce humaine eût été contemporaine des animaux de l'époque quaternaire. Mon oncle Lidenbrock, de concert avec la grande majorité des géologues, avait tenu bon, disputé, discuté, et M. Élie de Beaumont était resté à peu près seul de son parti.

Nous connaissions tous ces détails de l'affaire, mais nous ignorions que, depuis notre départ, la question avait fait des progrès nouveaux. D'autres mâchoires identiques, quoique appartenant à des individus de types divers et de nations différentes, furent trouvées dans les terres meubles et grises de certaines grottes, en France, en Suisse, en Belgique, ainsi que des armes, des ustensiles, des outils, des ossements d'enfants, d'adolescents, d'hommes, de vieillards. L'existence de l'homme quaternaire s'affirmait donc chaque jour davantage.

Et ce n'était pas tout. Des débris nouveaux exhumés du terrain tertiaire pliocène avaient permis à des savants plus audacieux encore d'assigner une haute antiquité à la race humaine. Ces débris, il est vrai, n'étaient point des ossements de l'homme, mais seulement des objets de son industrie, des tibias, des fémurs d'animaux fossiles, striés régulièrement, sculptés pour ainsi dire, et qui portaient la marque d'un travail humain.

Ainsi, d'un bond, l'homme remontait l'échelle des temps d'un grand nombre de siècles; il précédait le Mastodonde; il devenait le contemporain de « l'Elephas meridionalis »; il avait cent mille ans d'existence, puisque c'est la date assignée par les géologues les plus renommés à la formation du terrain pliocène!

Tel était alors l'état de la science paléontologique, et ce que nous en connaissions suffisait à expliquer notre attitude devant cet ossuaire de la mer Lidenbrock. On comprendra donc les stupéfactions et les joies de mon oncle, surtout quand, vingt pas plus loin, il se trouva en présence, on peut dire face à face, avec un des spécimens de l'homme quaternaire.

C'était un corps humain absolument reconnaissable. Un sol d'une nature particulière, comme celui du cimetière Saint-Michel, à Bordeaux, l'avait-il ainsi conservé pendant des siècles? je ne saurais le dire. Mais ce cadavre, la peau tendue et parcheminée, les membres encore moelleux, — à la vue du moins, — les dents intactes, la chevelure abondante, les ongles des doigts et des orteils d'une grandeur effrayante, se montrait à nos yeux tel qu'il avait vécu.

J'étais muet devant cette apparition d'un autre âge. Mon oncle, si loquace, si impétueusement discoureur d'habitude, se taisait aussi. Nous avions soulevé ce corps. Nous l'avions redressé. Il nous regardait avec ses orbites caves. Nous palpions son torse sonore.

Après quelques instants de silence, l'oncle fut vaincu par le professeur. Otto Lidenbrock, emporté par son tempérament, oublia les circonstances de notre voyage, le milieu où nous étions, l'immense caverne qui nous contenait. Sans doute il se crut au Johannæum, professant devant ses élèves, car il prit un ton doctoral, et s'adressant à un auditoire imaginaire :

« Messieurs, dit-il, j'ai l'honneur de vous présenter un homme de l'époque quaternaire. De grands savants ont nié son existence, d'autres non moins grands l'ont affirmée. Les saint Thomas de la paléontologie, s'ils étaient là, le toucheraient du doigt, et seraient bien forcés de reconnaître leur erreur. Je sais bien que la science doit se mettre en garde contre les découvertes de ce genre! Je n'ignore pas quelle exploitation des hommes fossiles ont faite les Barnum et autres charlatans de même farine. Je connais l'histoire de la rotule d'Ajax, du prétendu corps d'Oreste retrouvé par les Spartiates, et du corps d'Astérius, long de dix coudées, dont parle Pausanias. J'ai lu les rapports sur le squelette de Trapani découvert au XIVe siècle, et dans lequel on voulait reconnaître Polyphème, et l'histoire du géant déterré pendant le XVIe siècle aux environs de Palerme. Vous n'ignorez pas plus que moi, Messieurs, l'analyse faite auprès de Lucerne, en 1577, de ces grands ossements que le célèbre médecin Félix Plater déclarait appartenir à un géant de dix-neuf pieds! J'ai dévoré les traités de Cassanion, et tous ces mémoires, brochures, discours et contre-discours publiés à propos du squelette du roi des Cimbres, Teutobochus, l'envahisseur de la Gaule, exhumé d'une sablonnière du Dauphiné en 1613! Au XVIII⁰ siècle, j'aurais combattu avec Pierre Campet l'existence des préadamites de Scheuchzer! J'ai eu entre les mains l'écrit nommé *Gigans*... »

Ici reparut l'infirmité naturelle de mon oncle, qui en public ne pouvait pas prononcer les mots difficiles.

« L'écrit nommé *Gigans*... » reprit-il.

Il ne pouvait aller plus loin.

« *Gigantéo*... »

Impossible ! Le mot malencontreux ne voulait pas sortir ! On aurait bien ri au Johannæum !

« *Gigantostéologie*, » acheva de dire le professeur Lidenbrock entre deux jurons.

Puis, continuant de plus belle, et s'animant :

« Oui, Messieurs, je sais toutes ces choses! Je sais aussi que Cuvier et Blumenbach ont reconnu dans ces ossements de simples os de Mammouth et autres animaux de l'époque quaternaire. Mais ici le doute seul serait une injure à la science! Le cadavre est là! Vous pouvez le voir, le toucher! Ce n'est pas un squelette, c'est un corps intact, conservé dans un but uniquement anthropologique! »

Je voulus bien ne pas contredire cette assertion.

« Si je pouvais le laver dans une solution

d'acide sulfurique, dit encore mon oncle, j'en ferais disparaître toutes les parties terreuses et ces coquillages resplendissants qui sont incrustés en lui. Mais le précieux dissolvant me manque. Cependant, tel il est, tel ce corps nous racontera sa propre histoire. »

Ici, le professeur prit le cadavre fossile et le manœuvra avec la dextérité d'un montreur de curiosités.

« Vous le voyez, reprit-il, il n'a pas six pieds de long, et nous sommes loin des prétendus géants. Quant à la race à laquelle il appartient, elle est incontestablement caucasique. C'est la race blanche, c'est la nôtre ! Le crâne de ce fossile est régulièrement ovoïde, sans développement des pommettes, sans projection de la mâchoire. Il ne présente aucun caractère de ce prognathisme qui modifie l'angle facial[1]. Mesurez cet angle, il est presque de quatre-vingt-dix degrés. Mais j'irai plus loin encore dans le chemin des déductions, et j'oserai dire que cet échantillon humain appartient à la famille japétique, répandue depuis les Indes jusqu'aux limites

---

1. L'angle facial est formé par deux plans, l'un plus ou moins vertical qui est tangent au front et aux incisives, l'autre horizontal, qui passe par l'ouverture des conduits auditifs et l'épine nasale inférieure. On appelle *prognathisme*, en langue anthropologique, cette projection de la mâchoire qui modifie l'angle facial.

de l'Europe occidentale. Ne souriez pas, Messieurs ! »

Personne ne souriait, mais le professeur avait une telle habitude de voir les visages s'épanouir pendant ses savantes dissertations !

« Oui, reprit-il avec une animation nouvelle, c'est là un homme fossile, et contemporain des Mastodontes dont les ossements emplissent cet amphithéâtre. Mais de vous dire par quelle route il est arrivé là, comment ces couches où il était enfoui ont glissé jusque dans cette énorme cavité du globe, c'est ce que je ne me permettrai pas. Sans doute, à l'époque quaternaire, des troubles considérables se manifestaient encore dans l'écorce terrestre : le refroidissement continu du globe produisait des cassures, des fentes, des failles, où dévalait vraisemblablement une partie du terrain supérieur. Je ne me prononce pas, mais enfin l'homme est là, entouré des ouvrages de sa main, de ces haches, de ces silex taillés qui ont constitué l'âge de pierre, et à moins qu'il n'y soit venu comme moi en touriste, en pionnier de la science, je ne puis mettre en doute l'authenticité de son antique origine. »

Le professeur se tut, et j'éclatai en applaudissements unanimes. D'ailleurs mon oncle avait raison, et de plus savants que son neveu eussent été fort empêchés de le combattre.

Autre indice. Ce corps fossilisé n'était pas le

seul de l'immense ossuaire. D'autres corps se rencontraient à chaque pas que nous faisions dans cette poussière, et mon oncle pouvait choisir le plus merveilleux de ces échantillons pour convaincre les incrédules.

En vérité, c'était un étonnant spectacle que celui de ces générations d'hommes et d'animaux confondus dans ce cimetière. Mais une question grave se présentait, que nous n'osions résoudre. Ces êtres animés avaient-ils glissé par une convulsion du sol vers les rivages de la mer Lidenbrock, alors qu'ils étaient déjà réduits en poussière ? Ou plutôt vécurent-ils ici, dans ce monde souterrain, sous ce ciel factice, naissant et mourant comme les habitants de la terre ? Jusqu'ici, les monstres marins, les poissons seuls, nous étaient apparus vivants ! Quelque homme de l'abîme errait-il encore sur ces grèves désertes ?

XXXIX

Pendant une demi-heure encore, nos pieds foulèrent ces couches d'ossements. Nous allions en avant, poussés par une ardente curiosité. Quelles autres merveilles renfermait cette caverne, quels trésors pour la science ? Mon regard s'attendait à toutes les surprises, mon imagination à tous les étonnements.

Les rivages de la mer avaient depuis longtemps disparu derrière les collines de l'ossuaire. L'imprudent professeur, s'inquiétant peu de s'égarer, m'entrainait au loin. Nous avancions silencieusement, baignés dans les ondes électriques. Par un phénomène que je ne puis expliquer, et grâce à sa diffusion, complète alors, la lumière éclairait uniformément les diverses faces des objets. Son foyer n'existait plus en un point déterminé de l'espace et elle ne produisait aucun effet d'ombre. On aurait pu se croire en plein midi et en plein été, au milieu des régions équatoriales, sous les rayons verticaux du soleil. Toute vapeur avait disparu. Les rochers, les montagnes lointaines, quelques masses confuses de forêts éloignées, prenaient un étrange aspect sous l'égale distribution du fluide lumineux. Nous ressemblions à ce fantastique personnage d'Hoffmann qui a perdu son ombre.

Après une marche d'un mille, apparut la lisière d'une forêt immense, mais non plus un de ces bois de champignons qui avoisinaient Port-Graüben.

C'était la végétation de l'époque tertiaire dans toute sa magnificence. De grands palmiers, d'espèces aujourd'hui disparues, de superbes palmacites, des pins, des ifs, des cyprès, des thuyas, représentaient la famille des conifères, et se reliaient entre eux par un réseau de lianes inextricables. Un tapis de mousses et d'hépathiques revêtait moelleusement le sol. Quelques ruisseaux murmuraient sous ces ombrages, peu dignes de ce nom, puisqu'ils ne produisaient pas d'ombre. Sur leurs bords croissaient des fougères arborescentes semblables à celles des serres chaudes du globe habité. Seulement, la couleur manquait à ces arbres, à ces arbustes, à ces plantes, privés de la vivifiante chaleur du soleil. Tout se confondait dans une teinte uniforme, brunâtre et comme passée. Les feuilles étaient dépourvues de leur verdeur, et les fleurs elles-mêmes, si nombreuses à cette époque tertiaire qui les vit naître, alors sans couleurs et sans parfums, semblaient faites d'un papier décoloré sous l'action de l'atmosphère.

Mon oncle Lidenbrock s'aventura sous ces gigantesques taillis. Je le suivis, non sans une certaine appréhension. Puisque la nature avait fait là les frais d'une alimentation végétale, pourquoi les redoutables mammifères ne s'y rencontreraient-ils pas ? J'apercevais dans ces larges clairières que laissaient les arbres abattus et rongés par le temps, des légumineuses, des acérines, des rubiacées, et mille arbrisseaux comestibles, chers aux ruminants de toutes les périodes. Puis apparaissaient, confondus et entremêlés, les arbres des contrées si différentes de la surface du globe, le chêne croissant près du palmier, l'eucalyptus australien s'appuyant au sapin de la Norwége, le bouleau du Nord confondant ses branches avec les branches du kauris zélandais. C'était à confondre la raison des classificateurs les plus ingénieux de la botanique terrestre.

Soudain je m'arrêtai. De la main, je retins mon oncle.

La lumière diffuse permettait d'apercevoir les moindres objets dans la profondeur des taillis. J'avais cru voir... non! réellement, de mes yeux, je voyais des formes immenses s'agiter sous les arbres! En effet, c'étaient des animaux gigantesques, tout un troupeau de Mastodontes, non plus fossiles, mais vivants, et semblables à ceux dont les restes furent découverts en 1801 dans les marais de l'Ohio! J'apercevais ces grands éléphants dont les trompes grouillaient sous les arbres comme une légion de serpents. J'entendais le bruit de leurs longues défenses dont l'ivoire taraudait les vieux troncs. Les branches craquaient, et les feuilles arrachées par masses considérables s'engouffraient dans la vaste gueule de ces monstres.

Ce rêve, où j'avais vu renaître tout ce monde des temps antéhistoriques, des époques ternaire et quaternaire, se réalisait donc enfin! Et nous étions là, seuls, dans les entrailles du globe, à la merci de ses farouches habitants!

Mon oncle regardait.

« Allons, dit-il tout d'un coup en me saisissant le bras, en avant, en avant!

— Non! m'écriai-je, non! Nous sommes sans armes! Que ferions-nous au milieu de ce troupeau de quadrupèdes géants? Venez, mon oncle, venez! Nulle créature humaine ne peut braver impunément la colère de ces monstres.

— Nulle créature humaine! répondit mon oncle, en baissant la voix! Tu te trompes, Axel! Regarde, regarde, là-bas! Il me semble que j'aperçois un être vivant! un être semblable à nous! un homme! »

Je regardai, haussant les épaules, et décidé à pousser l'incrédulité jusqu'à ses dernières limites. Mais, quoique j'en eus, il fallut bien me rendre à l'évidence.

En effet, à moins d'un quart de mille, appuyé au tronc d'un kauris énorme, un être humain, un Protée de ces contrées souterraines, un nouveau fils de Neptune, gardait cet innombrable troupeau de Mastodontes!

Immanis pecoris custos, immanior ipse!

Oui! *immanior ipse!* Ce n'était plus l'être fossile dont nous avions relevé le cadavre dans l'ossuaire, c'était un géant capable de commander à ces monstres. Sa taille dépassait douze pieds. Sa tête grosse comme la tête d'un buffle, disparaissait dans les broussailles d'une chevelure inculte. On eût dit une véritable crinière, semblable à celle de l'éléphant des premiers âges. Il brandissait de la main une branche énorme, digne houlette de ce berger antédiluvien.

Nous étions restés immobiles, stupéfaits. Mais nous pouvions être aperçus. Il fallait fuir.

« Venez, venez! m'écriai-je, en entrainant mon oncle, qui pour la première fois se laissa faire!

Un quart d'heure plus tard, nous étions hors de la vue de ce redoutable ennemi.

Et maintenant que j'y songe tranquillement, maintenant que le calme s'est refait dans mon esprit, que des mois se sont écoulés depuis cette étrange et surnaturelle rencontre, que penser, que croire? Non! c'est impossible! Nos sens ont été abusés, nos yeux n'ont pas vu ce qu'ils voyaient! Nulle créature humaine n'existe dans ce monde subterrestre! Nulle génération d'hommes n'habite ces cavernes inférieures du globe, sans se soucier des habitants de sa surface, sans communication avec eux! C'est insensé, profondément insensé!

J'aime mieux admettre l'existence de quelque animal dont la structure se rapproche de la structure humaine, de quelque singe des premières époques géologiques, de quelque Protopithèque, de quelque Mésopithèque semblable à celui que découvrit M. Lartet dans le gite ossifère de Sansan! Mais celui-ci dépassait par sa taille toutes les mesures données par la paléontologie! N'importe! Un singe, oui, un singe, si invraisemblable qu'il soit! Mais un homme, un homme vivant, et avec lui toute une génération enfouie dans les entrailles de la terre! Jamais!

Cependant nous avions quitté la forêt claire et lumineuse, muets d'étonnement, accablés sous une stupéfaction qui touchait à l'abrutissement. Nous courions malgré nous. C'était une vraie fuite, semblable à ces entraînements effroyables que l'on subit dans certains cauchemars. Instinctivement, nous revenions vers la mer Lidenbrock, et je ne sais dans quelles divagations mon esprit se fût emporté, sans une préoccupation qui me ramena à des observations plus pratiques.

Bien que je fusse certain de fouler un sol entièrement vierge de nos pas, j'apercevais souvent des agrégations de rochers dont la forme rappelait ceux de Port-Graüben. C'était parfois à s'y méprendre. Des ruisseaux et des cascades tombaient par centaines des saillies de rocs. Je croyais revoir la couche de surtarbrandur, notre fidèle Hans-bach et la grotte où j'étais revenu à la vie; puis, quelques pas plus loin, la disposition des contre-forts, l'apparition d'un ruisseau, le profil surprenant d'un rocher venaient me rejeter dans le doute.

Le professeur partageait mon indécision; il ne pouvait s'y reconnaître au milieu de ce panorama uniforme. Je le compris à quelques mots qui lui échappèrent.

« Évidemment, lui dis-je, nous n'avons pas abordé à notre point de départ, mais certainement, en contournant le rivage, nous nous rapprocherons de Port-Graüben.

— Dans ce cas, répondit mon oncle, il est inutile de continuer cette exploration, et le mieux est de retourner au radeau. Mais ne te trompes-tu pas, Axel?

— Il est difficile de se prononcer, car tous ces rochers se ressemblent. Il me semble pourtant reconnaître le promontoire au pied duquel Hans a construit son embarcation. Nous devons être près du petit port, si même ce n'est pas ici, ajoutai-je en examinant une crique que je crus reconnaître.

— Mais non, Axel, nous retrouverions au moins nos propres traces, et je ne vois rien...

— Mais je vois, moi! m'écriai-je, en m'élançant vers un objet qui brillait sur le sable.

— Qu'est-ce donc?

— Voilà! répondis-je, et je montrai à mon oncle un poignard que je venais de ramasser.

— Tiens! dit-il, tu avais donc emporté cette arme avec toi?

— Moi, aucunement, mais vous, je suppose?

— Non pas, que je sache; je n'ai jamais eu cet objet en ma possession.

— Et moi encore moins, mon oncle.

— Voilà qui est particulier.

— Mais non, c'est bien simple; les Islandais ont souvent des armes de ce genre, et Hans, à qui celle-ci appartient, l'a perdue sur cette plage...

— Hans! » fit mon oncle en secouant la tête.

Puis il examina l'arme avec attention.

« Axel, me dit-il d'un ton grave, ce poignard est une arme du seizième siècle, une véritable dague, de celles que les gentilshommes portaient à leur ceinture pour donner le coup de grâce; elle est d'origine espagnole; elle n'appartient ni à toi, ni à moi, ni au chasseur!

— Oserez-vous dire?...

— Vois, elle ne s'est pas ébréchée ainsi à s'enfoncer dans la gorge des gens; sa lame est couverte d'une couche de rouille qui ne date ni d'un jour, ni d'un an, ni d'un siècle! »

Le professeur s'animait, suivant son habitude, en se laissant emporter par son imagination.

« Axel, reprit-il, nous sommes sur la voie de la grande découverte! Cette lame est restée abandonnée sur le sable depuis cent, deux cents, trois cents ans, et s'est ébréchée sur les rocs de cette mer souterraine !

— Mais elle n'est pas venue seule ! m'écriai-je ; elle n'a pas été se tordre d'elle-même ! quelqu'un nous a précédés !...

— Oui, un homme.

— Et cet homme ?

— Cet homme a gravé son nom avec ce poignard ! Cet homme a voulu encore une fois marquer de sa main la route du centre ! Cherchons, cherchons ! »

Et, prodigieusement intéressés, nous voilà longeant la haute muraille, interrogeant les moindres fissures qui pouvaient se changer en galerie.

Nous arrivâmes ainsi à un endroit où le rivage se resserrait. La mer venait presque baigner le pied des contre-forts, laissant un passage large d'une toise au plus. Entre deux avancées de roc, on apercevait l'entrée d'un tunnel obscur.

Là, sur une plaque de granit, apparaissaient deux lettres mystérieuses à demi rongées, les deux initiales du hardi et fantastique voyageur :

$$\cdot \text{A} \cdot \text{S} \cdot$$

« A. S. ! s'écria mon oncle. Arne Saknussemm ! Toujours Arne Saknussemm ! »

XL

Depuis le commencement du voyage, j'avais passé par bien des étonnements; je devais me croire à l'abri des surprises et blasé sur tout émerveillement. Cependant, à la vue de ces deux lettres gravées là depuis trois cents ans, je demeurai dans un ébahissement voisin de la stupidité. Non seulement la signature du savant alchimiste se lisait sur le roc, mais encore le stylet qui l'avait tracée était entre mes mains. A moins d'être d'une insigne mauvaise foi, je ne pouvais plus mettre en doute l'existence du voyageur et la réalité de son voyage.

Pendant que ces réflexions tourbillonnaient dans ma tête, le professeur Lidenbrock se laissait aller à un accès un peu dithyrambique à l'endroit d'Arne Saknussemm.

« Merveilleux génie! s'écriait-il, tu n'as rien oublié de ce qui pouvait ouvrir à d'autres mortels les routes de l'écorce terrestre, et tes semblables peuvent retrouver les traces que tes pieds ont laissées, il y trois siècles, au fond de ces souterrains obscurs! A d'autres regards que les tiens, tu as réservé la contemplation de ces merveilles! Ton nom gravé d'étapes en étapes conduit droit à son but le voyageur assez audacieux pour te suivre, et, au centre même de notre planète, il se trouvera encore inscrit de ta propre main. Eh bien! moi aussi, j'irai signer de mon nom cette dernière page de granit! Mais que, dès maintenant, ce cap vu par toi près de cette mer découverte par toi, soit à jamais appelé le cap Saknussemm! »

Voilà ce que j'entendis, ou à peu près, et je me sentis gagné par l'enthousiasme que respiraient ces paroles. Un feu intérieur se ranima dans ma poitrine! J'oubliai tout, et les dangers du voyage, et les périls du retour. Ce qu'un autre avait fait, je voulais le faire aussi, et rien de ce qui était humain ne me paraissait impossible!

« En avant, en avant! » m'écriai-je.

Je m'élançais déjà vers la sombre galerie, quand le professeur m'arrêta, et lui, l'homme des emportements, il me conseilla la patience et le sang-froid.

« Retournons d'abord vers Hans, dit-il, et ramenons le radeau à cette place. »

J'obéis à cet ordre, non sans peine, et je me glissai rapidement au milieu des roches du rivage.

« Savez-vous, mon oncle, dis-je en marchant, que nous avons été singulièrement servis par les circonstances jusqu'ici!

— Ah! tu trouves, Axel?

— Sans doute, et il n'est pas jusqu'à la tempête qui ne nous ait remis dans le droit chemin. Béni soit l'orage! Il nous a ramenés à cette côte d'où le beau temps nous eût éloignés! Supposez un instant que nous eussions touché de notre proue (la proue d'un radeau!) les rivages méridionaux de la mer Lidenbrock, que serions-nous devenus? Le nom de Saknussemm n'aurait pas apparu à nos yeux, et maintenant nous serions abandonnés sur une plage sans issue.

— Oui, Axel, il y a quelque chose de providentiel à ce que, voguant vers le sud, nous soyons précisément revenus au nord et au cap Saknussemm. Je dois dire que c'est plus qu'étonnant, et il y a là un fait dont l'explication m'échappe absolument.

— Eh! qu'importe! il n'y a pas à expliquer les faits, mais à en profiter!

— Sans doute, mon garçon, mais...

— Mais nous allons reprendre la route du nord, passer sous les contrées septentrionales de l'Europe, la Suède, la Russie, la Sibérie, que sais-je! au lieu de nous enfoncer sous les déserts de l'Afrique ou les flots de l'Océan, et je ne veux pas en savoir davantage!

— Oui, Axel, tu as raison, et tout est pour le mieux, puisque nous abandonnons cette mer horizontale qui ne pouvait mener à rien. Nous allons descendre, encore descendre, et toujours descendre ! Sais-tu bien que, pour arriver au centre du globe, il n'y a plus que quinze cents lieues à franchir !

— Bah ! m'écriai-je, ce n'est vraiment pas la peine d'en parler ! En route ! en route ! »

Ces discours insensés duraient encore quand nous rejoignîmes le chasseur. Tout était préparé pour un départ immédiat ; pas un colis qui ne fût embarqué ; nous prîmes place sur le radeau, et la voile hissée, Hans se dirigea en suivant la côte vers le cap Saknussemm.

Le vent n'était pas favorable à un genre d'embarcation qui ne pouvait tenir le plus près. Aussi, en maint endroit, il fallut avancer à l'aide des bâtons ferrés. Souvent les rochers, allongés à fleur d'eau, nous forcèrent de faire des détours assez longs. Enfin, après trois heures de navigation, c'est-à-dire vers six heures du soir, on atteignait un endroit propice au débarquement.

Je sautai à terre, suivi de mon oncle et de l'Islandais. Cette traversée ne m'avait pas calmé. Au contraire. Je proposai même de brûler « nos vaisseaux », afin de nous couper toute retraite. Mais mon oncle s'y opposa. Je le trouvai singulièrement tiède.

« Au moins, dis-je, partons sans perdre un instant.

— Oui, mon garçon ; mais auparavant, examinons cette nouvelle galerie, afin de savoir s'il faut préparer nos échelles. »

Mon oncle mit son appareil de Ruhmkorff en activité ; le radeau, attaché au rivage, fut laissé seul ; d'ailleurs, l'ouverture de la galerie n'était pas à vingt pas de là, et notre petite troupe, moi en tête, s'y rendit sans retard.

L'orifice, à peu près circulaire, présentait un diamètre de cinq pieds environ ; le sombre tunnel était taillé dans le roc vif et soigneusement alésé par les matières éruptives auxquelles il donnait autrefois passage ; sa partie inférieure affleurait le sol, de telle façon que l'on put y pénétrer sans aucune difficulté.

Nous suivions un plan presque horizontal, quand, au bout de six pas, notre marche fut interrompue par l'interposition d'un bloc énorme.

« Maudit roc ! » m'écriai-je avec colère, en me voyant subitement arrêté par un obstacle infranchissable.

Nous eûmes beau chercher à droite et à gauche, en bas et en haut, il n'existait aucun passage, aucune bifurcation. J'éprouvai un vif désappointement, et je ne voulais pas admettre la réalité de l'obstacle. Je me baissai. Je regardai au-dessous du bloc. Nul interstice. Au-dessus. Même barrière de granit. Hans porta la lumière de la lampe sur tous les points de la paroi ; mais celle-ci n'offrait aucune solution de continuité.

Il fallait renoncer à tout espoir de passer.

Je m'étais assis sur le sol; mon oncle arpentait le couloir à grands pas.

« Mais alors Saknussemm? m'écriai-je.

— Oui, fit mon oncle, a-t-il donc été arrêté par cette porte de pierre?

— Non! non! repris-je avec vivacité. Ce quartier de roc, par suite d'une secousse quelconque, ou l'un de ces phénomènes magnétiques qui agitent l'écorce terrestre, a brusquement fermé ce passage. Bien des années se sont écoulées entre le retour de Saknussemm et la chute de ce bloc. N'est-il pas évident que cette galerie a été autrefois le chemin des laves, et qu'alors les matières éruptives y circulaient librement. Voyez, il y a des fissures récentes qui sillonnent ce plafond de granit; il est fait de morceaux rapportés, de pierres énormes, comme si la main de quelque géant eût travaillé à cette substruction; mais, un jour, la poussée a été plus forte, et ce bloc, semblable à une clef de voûte qui manque, a glissé jusqu'au sol en obstruant tout passage. Voilà un obstacle accidentel que Saknussemm n'a pas rencontré, et si nous ne le renversons pas, nous sommes indignes d'arriver au centre du monde! »

Voilà comment je parlais! L'âme du professeur avait passé tout entière en moi. Le génie des découvertes m'inspirait. J'oubliais le passé, je dédaignais l'avenir. Rien n'existait plus pour moi à la surface de ce sphéroïde au sein duquel je m'étais engouffré, ni les villes, ni les campagnes, ni Hambourg, ni König-strasse, ni ma pauvre Graüben, qui devait me croire à jamais perdu dans les entrailles de la terre.

« Eh bien! reprit mon oncle, à coups de pioche, à coups de pic, faisons notre route et renversons ces murailles!

— C'est trop dur pour le pic, m'écriai-je.
— Alors la pioche!
— C'est trop long pour la pioche!
— Mais!...
— Eh bien! la poudre! la mine! minons, et faisons sauter l'obstacle!.
— La poudre!
— Oui! il ne s'agit que d'un bout de roc à briser!
— Hans, à l'ouvrage! » s'écria mon oncle.

L'Islandais retourna au radeau, et revint bientôt avec un pic dont il se servit pour creuser un fourneau de mine. Ce n'était pas un mince travail. Il s'agissait de faire un trou assez considérable pour contenir cinquante livres de fulmicoton, dont la puissance expansive est quatre fois plus grande que celle de la poudre à canon.

J'étais dans une prodigieuse surexcitation d'esprit. Pendant que Hans travaillait, j'aidai activement mon oncle à préparer une longue mèche faite avec de la poudre mouillée et renfermée dans un boyau de toile.

« Nous passerons ! disais-je.

— Nous passerons, » répétait mon oncle.

A minuit, notre travail de mineurs fut entièrement terminé ; la charge de fulmi-coton se trouvait enfouie dans le fourneau, et la mèche, se déroulant à travers la galerie, venait aboutir au dehors.

Une étincelle suffisait maintenant pour mettre ce formidable engin en activité.

« A demain, » dit le professeur.

Il fallut bien me résigner et attendre encore pendant six grandes heures !

XLI

Le lendemain, jeudi, 27 août, fut une date célèbre de ce voyage subterrestre. Elle ne me revient pas à l'esprit sans que l'épouvante ne fasse encore battre mon cœur. A partir de ce moment, notre raison, notre jugement, notre ingéniosité, n'ont plus voix au chapitre, et nous allons devenir le jouet des phénomènes de la terre.

A six heures, nous étions sur pied. Le moment approchait de nous frayer par la poudre un passage à travers l'écorce de granit.

Je sollicitai l'honneur de mettre le feu à la

mine. Cela fait, je devais rejoindre mes compagnons sur le radeau qui n'avait point été déchargé; puis nous prendrions au large, afin de parer aux dangers de l'explosion, dont les effets pouvaient ne pas se concentrer à l'intérieur du massif.

La mèche devait brûler pendant dix minutes, selon nos calculs, avant de porter le feu à la chambre des poudres. J'avais donc le temps nécessaire pour regagner le radeau.

Je me préparai à remplir mon rôle, non sans une certaine émotion.

Après un repas rapide, mon oncle et le chasseur s'embarquèrent, tandis que je restais sur le rivage. J'étais muni d'une lanterne allumée qui devait me servir à mettre le feu à la mèche.

« Va, mon garçon, me dit mon oncle, et reviens immédiatement nous rejoindre.

— Soyez tranquille, mon oncle, je ne m'amuserai point en route. »

Aussitôt je me dirigeai vers l'orifice de la galerie, j'ouvris ma lanterne, et je saisis l'extrémité de la mèche.

Le professeur tenait son chronomètre à la main.

« Es-tu prêt? me cria-t-il.

— Je suis prêt.

— Eh bien! feu, mon garçon! »

Je plongeai rapidement dans la flamme la mèche, qui pétilla à son contact, et, tout en courant, je revins au rivage.

« Embarque, fit mon oncle, et débordons. »

Hans, d'une vigoureuse poussée, nous rejeta en mer. Le radeau s'éloigna d'une vingtaine de toises.

C'était un moment palpitant. Le professeur suivait de l'œil l'aiguille du chronomètre.

« Encore cinq minutes, disait-il. Encore quatre. Encore trois. »

Mon pouls battait des demi-secondes.

« Encore deux. Une!... Croulez, montagnes de granit! »

Que se passa-t-il alors? Le bruit de la détonation, je crois que je ne l'entendis pas. Mais la forme des rochers se modifia subitement à mes regards; ils s'ouvrirent comme un rideau. J'aperçus un insondable abîme qui se creusait en plein rivage. La mer, prise de vertige, ne fut plus qu'une vague énorme, sur le dos de laquelle le radeau s'éleva perpendiculairement.

Nous fûmes renversés tous les trois. En moins d'une seconde, la lumière fit place à la plus profonde obscurité. Puis je sentis l'appui solide manquer, non à mes pieds, mais au radeau. Je crus qu'il coulait à pic. Il n'en était rien. J'aurais voulu adresser la parole à mon oncle; mais le mugissement des eaux l'eût empêché de m'entendre.

Malgré les ténèbres, le bruit, la surprise, l'émotion, je compris ce qui venait de se passer.

Au delà du roc qui venait de sauter, il existait

un abîme. L'explosion avait déterminé une sorte de tremblement de terre dans ce sol coupé de fissures, le gouffre s'était ouvert, et la mer, changée en torrent, nous y entrainait avec elle

Je me sentis perdu.

Une heure, deux heures, que sais-je! se passèrent ainsi. Nous nous serrions les coudes, nous nous tenions les mains afin de n'être pas précipités hors du radeau ; des chocs d'une extrême violence se produisaient, quand il heurtait la muraille. Cependant ces heurts étaient rares, d'où je conclus que la galerie s'élargissait considérablement. C'était, à n'en pas douter, le chemin de Saknussemm ; mais, au lieu de le descendre seul, nous avions, par notre imprudence, entraîné toute une mer avec nous.

Ces idées, on le comprend, se présentèrent à mon esprit sous une forme vague et obscure. Je les associais difficilement pendant cette course vertigineuse qui ressemblait à une chute. A en juger par l'air qui me fouettait le visage, elle devait surpasser celle des trains les plus rapides. Allumer une torche dans ces conditions était donc impossible, et notre dernier appareil électrique avait été brisé au moment de l'explosion.

Je fus donc fort surpris de voir une lumière briller tout à coup près de moi. La figure calme de Hans s'éclaira. L'adroit chasseur était parvenu à allumer la lanterne, et, bien que sa flamme vacillât à s'éteindre, elle jeta quelques lueurs dans l'épouvantable obscurité.

La galerie était large. J'avais eu raison de la juger telle. Notre insuffisante lumière ne nous permettait pas d'apercevoir ses deux murailles à la fois. La pente des eaux qui nous emportaient dépassait celle des plus insurmontables rapides de l'Amérique ; leur surface semblait faite d'un faisceau de flèches liquides décochées avec une extrême puissance. Je ne puis rendre mon impression par une comparaison plus juste. Le radeau, pris par certains remous, filait parfois en tournoyant. Lorsqu'il s'approchait des parois de la galerie, j'y projetais la lumière de la lanterne, et je pouvais juger de sa vitesse à voir les saillies du roc se changer en traits continus, de telle sorte que nous étions enserrés dans un réseau de lignes mouvantes. J'estimai que notre vitesse devait atteindre trente lieues à l'heure.

Mon oncle et moi, nous regardions d'un œil hagard, accotés au tronçon du mât, qui, au moment de la catastrophe, s'était rompu net. Nous tournions le dos à l'air, afin de ne pas être étouffés par la rapidité d'un mouvement que nulle puissance humaine ne pouvait enrayer.

Cependant les heures s'écoulèrent. La situation ne changeait pas, mais un incident vint la compliquer.

En cherchant à mettre un peu d'ordre dans la

cargaison, je vis que la plus grande partie des objets embarqués avaient disparu au moment de l'explosion, lorsque la mer nous assaillit si violemment! Je voulus savoir exactement à quoi m'en tenir sur nos ressources, et, la lanterne à la main, je commençai mes recherches. De nos instruments, il ne restait plus que la boussole et le chronomètre. Les échelles et les cordes se réduisaient à un bout de câble enroulé autour du tronçon de mât. Pas une pioche, pas un pic, pas un marteau, et, malheur irréparable, nous n'avions pas de vivres pour un jour!

Je me mis à fouiller les interstices du radeau, les moindres coins formés par les poutres et la jointure des planches. Rien! nos provisions consistaient uniquement en un morceau de viande sèche et quelques biscuits.

Je regardais d'un air stupide! Je ne voulais pas comprendre! Et cependant de quel danger me préoccupais-je? Quand les vivres eussent été suffisants pour des mois, pour des années, comment sortir des abîmes où nous entraînait cet irrésistible torrent? A quoi bon craindre les tortures de la faim, quand la mort s'offrait déjà sous tant d'autres formes? Mourir d'inanition, est-ce que nous en aurions le temps?

Pourtant, par une inexplicable bizarrerie de l'imagination, j'oubliai le péril immédiat pour les menaces de l'avenir qui m'apparurent dans toute leur horreur. D'ailleurs, peut-être pourrions-nous échapper aux fureurs du torrent et revenir à la surface du globe. Comment? je l'ignore. Où? Qu'importe! Une chance sur mille est toujours une chance, tandis que la mort par la faim ne nous laissait d'espoir dans aucune proportion, si petite qu'elle fût.

La pensée me vint de tout dire à mon oncle, de lui montrer à quel dénûment nous étions réduits, et de faire l'exact calcul du temps qui nous restait à vivre. Mais j'eus le courage de me taire. Je voulais lui laisser tout son sang-froid.

En ce moment, la lumière de la lanterne baissa peu à peu et s'éteignit entièrement. La mèche avait brûlé jusqu'au bout. L'obscurité redevint absolue. Il ne fallait plus songer à dissiper ces impénétrables ténèbres. Il restait encore une torche, mais elle n'aurait pu se maintenir allumée. Alors, comme un enfant, je fermai les yeux pour ne pas voir toute cette obscurité.

Après un laps de temps assez long, la vitesse de notre course redoubla. Je m'en aperçus à la réverbération de l'air sur mon visage. La pente des eaux devenait excessive. Je crois véritablement que nous ne glissions plus. Nous tombions. J'avais en moi l'impression d'une chute presque verticale. La main de mon oncle et celle de Hans, cramponnées à mes bras, me retenaient avec vigueur.

Tout à coup, après un temps inappréciable, je ressentis comme un choc; le radeau n'avait pas heurté un corps dur, mais il s'était subitement arrêté dans sa chute. Une trombe d'eau, une immense colonne liquide s'abattit à sa surface. Je fus suffoqué. Je me noyais.

Cependant, cette inondation soudaine ne dura pas. En quelques secondes je me trouvai à l'air libre que j'aspirai à pleins poumons. Mon oncle et Hans me serraient le bras à le briser, et le radeau nous portait encore tous les trois.

XLII

Je suppose qu'il devait être alors **dix heures du soir**. Le premier de mes sens qui fonctionna après ce dernier assaut fut le sens de l'ouïe. J'entendis presque aussitôt, car ce fut acte d'audition véritable, j'entendis le silence se faire dans la galerie, et succéder à ces mugissements qui, depuis de longues heures, remplissaient mes oreilles. Enfin ces paroles de mon oncle m'arrivèrent comme un murmure :

« Nous montons!

— Que voulez-vous dire? m'écriai-je.

— Oui, nous montons! nous montons! »

J'étendis le bras; je touchai la muraille; ma main fut mise en sang. Nous remontions avec une extrême rapidité.

« La torche! la torche! » s'écria le professeur.

Hans, non sans difficultés, parvint à l'allumer, et, bien que la flamme se rabattît de haut en bas, par suite du mouvement ascensionnel, elle jeta assez de clarté pour éclairer toute la scène.

« C'est bien ce que je pensais, dit mon oncle. Nous sommes dans un puits étroit, qui n'a pas quatre toises de diamètre. L'eau, arrivée au fond du gouffre, reprend son niveau et nous monte avec elle.

— Où!

— Je l'ignore, mais il faut se tenir prêts à tout événement. Nous montons avec une vitesse que j'évalue à deux toises par secondes, soit cent vingt toises par minute, ou plus de trois lieues et demie à l'heure. De ce train-là, on fait du chemin.

— Oui, si rien ne nous arrête, si ce puits a une issue! Mais s'il est bouché, si l'air se comprime peu à peu sous la pression de la colonne d'eau, si nous allons être écrasés!

— Axel, répondit le professeur avec un grand calme, la situation est presque désespérée, mais il y a quelques chances de salut, et ce sont celles-là que j'examine. Si à chaque instant nous pouvons périr, à chaque instant aussi nous pouvons être sauvés. Soyons donc en mesure de profiter des moindres circonstances.

— Mais que faire?

— Réparer nos forces en mangeant. »

A ces mots, je regardai mon oncle d'un œil hagard. Ce que je n'avais pas voulu avouer, il fallait enfin le dire :

« Manger? répétai-je.

— Oui, sans retard. »

Le professeur ajouta quelques mots en danois. Hans secoua la tête.

« Quoi! s'écria mon oncle, nos provisions sont perdues?

— Oui, voilà ce qui reste de vivres! un morceau de viande sèche pour nous trois! »

Mon oncle me regardait sans vouloir comprendre mes paroles.

« Eh bien! dis-je, croyez-vous encore que nous puissions être sauvés? »

Ma demande n'obtint aucune réponse.

Une heure se passa. Je commençais à éprouver une faim violente. Mes compagnons souffraient aussi, et pas un de nous n'osait toucher à ce misérable reste d'aliments.

Cependant nous montions toujours avec rapidité; parfois l'air nous coupait la respiration comme aux aéronautes dont l'ascension est trop rapide. Mais si ceux-ci éprouvent un froid proportionnel à mesure qu'ils s'élèvent dans les couches atmosphériques, nous subissions un effet absolument contraire. La chaleur s'accroissait d'une inquiétante façon et devait certainement atteindre quarante degrés.

Que signifiait un pareil changement? Jusqu'alors les faits avaient donné raison aux théories de Davy et de Lidenbrock; jusqu'alors des conditions particulières de roches réfractaires, d'électricité, de magnétisme avaient modifié les lois générales de la nature, en nous faisant une température modérée, car la théorie du feu central restait, à mes yeux, la seule vraie, la seule explicable. Allions-nous donc revenir à un milieu où ces phénomènes s'accomplissaient dans toute leur rigueur et dans lequel la chaleur réduisait les roches à un complet état de fusion? Je le craignais, et je dis au professeur :

« Si nous ne sommes pas noyés ou brisés, si nous ne mourons pas de faim, il nous reste toujours la chance d'être brûlés vifs. »

Il se contenta de hausser les épaules et retomba dans ses réflexions.

Une heure s'écoula. Et, sauf un léger accroissement dans la température, aucun incident ne modifia la situation. Enfin mon oncle rompit le silence.

« Voyons, dit-il, il faut prendre un parti.
— Prendre un parti? répliquai-je.
— Oui. Il faut réparer nos forces. Si nous es-

sayons, en ménageant ce reste de nourriture, de prolonger notre existence de quelques heures, nous serons faibles jusqu'à la fin.

— Oui, jusqu'à la fin, qui ne se fera pas attendre.

— Eh bien! qu'une chance de salut se présente, qu'un moment d'action soit nécessaire, où trouverons-nous la force d'agir, si nous nous laissons affaiblir par l'inanition?

— Eh! mon oncle, ce morceau de viande dévoré, que nous restera-t-il?

— Rien, Axel, rien; mais te nourrira-t-il davantage à le manger de tes yeux? Tu fais là les raisonnements d'homme sans volonté, d'un être sans énergie!

— Ne désespérez-vous donc pas? m'écriai-je avec irritation.

— Non! répliqua fermement le professeur.

— Quoi! vous croyez encore à quelque chance de salut?

— Oui! certes oui! et tant que son cœur bat, tant que sa chair palpite, je n'admets pas qu'un être doué de volonté laisse en lui place au désespoir. »

Quelles paroles! L'homme qui les prononçait en de pareilles circonstances était certainement d'une trempe peu commune.

« Enfin, dis-je, que prétendez-vous faire?

— Manger ce qui reste de nourriture jusqu'à

la dernière miette et réparer nos forces perdues. Ce repas sera notre dernier, soit! mais au moins, au lieu d'être épuisés, nous serons redevenus des hommes.

— Eh bien! dévorons! » m'écriai-je.

Mon oncle prit le morceau de viande et les quelques biscuits échappés au naufrage; il fit trois portions égales et les distribua. Cela faisait environ une livre d'aliments pour chacun. Le professeur mangea avidement, avec une sorte d'emportement fébrile; moi, sans plaisir, malgré ma faim, et presque avec dégoût; Hans, tranquillement, modérément, mâchant sans bruit de petites bouchées et les savourant avec le calme d'un homme que les soucis de l'avenir ne pouvaient inquiéter. Il avait, en furetant bien, retrouvé une gourde à demi pleine de genièvre; il nous l'offrit, et cette bienfaisante liqueur eut la force de me ranimer un peu.

« Förträfflig! dit Hans en buvant à son tour.

— Excellent! » riposta mon oncle.

J'avais repris quelque espoir. Mais notre dernier repas venait d'être achevé. Il était alors cinq heures du matin.

L'homme est ainsi fait, que sa santé est un effet purement négatif; une fois le besoin de manger satisfait, on se figure difficilement les horreurs de la faim; il faut les éprouver pour les comprendre. Aussi, au sortir d'un long jeûne, quelques bouchées de biscuit et de viande triomphèrent de nos douleurs passées.

Cependant, après ce repas, chacun se laissa aller à ses réflexions. A quoi songeait Hans, cet homme de l'extrême Occident, que dominait la résignation fataliste des Orientaux? Pour mon compte, mes pensées n'étaient faites que de souvenirs, et ceux-ci me ramenaient à la surface de ce globe que je n'aurais jamais dû quitter. La maison de König-strasse, ma pauvre Graüben, la bonne Marthe, passèrent comme des visions devant mes yeux, et, dans les grondements lugubres qui couraient à travers le massif, je croyais surprendre le bruit des cités de la terre.

Pour mon oncle, « toujours à son affaire », la torche à la main, il examinait avec attention la nature des terrains; il cherchait à reconnaître sa situation par l'observation des couches superposées. Ce calcul, ou mieux cette estime, ne pouvait être que fort approximative; mais un savant est toujours un savant, quand il parvient à conserver son sang-froid, et certes, le professeur Lidenbrock possédait cette qualité à un degré peu ordinaire.

Je l'entendais mumurer des mots de la science géologique; je les comprenais, et je m'intéressais malgré moi à cette étude suprême.

« Granit éruptif, disait-il; nous sommes encore à l'époque primitive; mais nous montons! nous montons! Qui sait? »

Qui sait? Il espérait toujours. De sa main il tâtait la paroi verticale, et, quelques instants plus tard, il reprenait ainsi :

« Voilà les gneiss! voilà les micaschistes! Bon! à bientôt les terrains de l'époque de transition, et alors... »

Que voulait dire le professeur? Pouvait-il mesurer l'épaisseur de l'écorce terrestre suspendue sur notre tête? Possédait-il un moyen quelconque de faire ce calcul? Non. Le manomètre lui manquait, et nulle estime ne pouvait le suppléer.

Cependant la température s'accroissait dans une forte proportion et je me sentais baigné au milieu d'une atmosphère brûlante. Je ne pouvais la comparer qu'à la chaleur renvoyée par les fourneaux d'une fonderie à l'heure des coulées. Peu à peu, Hans, mon oncle et moi, nous avions dû quitter nos vestes et nos gilets; le moindre vêtement devenait une cause de malaise, pour ne pas dire de souffrances.

« Montons-nous donc vers un foyer incandescent? m'écriai-je, à un moment où la chaleur redoublait.

— Non, répondit mon oncle, c'est impossible! c'est impossible!

— Cependant, dis-je en tâtant la paroi, cette muraille est brûlante! »

Au moment où je prononçai ces paroles, ma

main ayant effleuré l'eau, je dus la retirer au plus vite.

« L'eau est brûlante ! » m'écriai-je.

Le professeur, cette fois, ne répondit que par un geste de colère.

Alors, une invincible épouvante s'empara de mon cerveau et ne le quitta plus. J'avais le sentiment d'une catastrophe prochaine, et telle que la plus audacieuse imagination n'aurait pu la concevoir. Une idée, d'abord vague, incertaine, se changeait en certitude dans mon esprit. Je la repoussai, mais elle revint avec obstination. Je n'osais la formuler. Cependant quelques observations involontaires déterminèrent ma conviction ; à la lueur douteuse de la torche, je remarquai des mouvements désordonnés dans les couches granitiques ; un phénomène allait évidemment se produire, dans lequel l'électricité jouait un rôle ; puis cette chaleur excessive, cette eau bouillonnante !... Je résolus d'observer la boussole.

Elle était affolée !

XLIII

Oui, affolée ! L'aiguille sautait d'un pôle à l'autre avec de brusques secousses, parcourait tous les points du cadran, et tournait, comme si elle eût été prise de vertige.

Je savais bien que, d'après les théories les plus acceptées, l'écorce minérale du globe n'est jamais dans un état de repos absolu; les modifications amenées par la décomposition des matières internes, l'agitation provenant des grands courants liquides, l'action du magnétisme, tendent à l'ébranler incessamment, alors même que les êtres disséminés à sa surface ne soupçonnent pas son agitation. Ce phénomène ne m'aurait donc pas autrement effrayé, ou du moins il n'eût pas fait naître dans mon esprit une idée terrible.

Mais d'autres faits, certains détails *sui generis*, ne purent me tromper plus longtemps; les détonations se multipliaient avec une effrayante intensité; je ne pouvais les comparer qu'au bruit que feraient un grand nombre de chariots entraînés rapidement sur le pavé. C'était un tonnerre continu.

Puis, la boussole affolée, secouée par les phénomènes électriques, me confirmait dans mon opinion; l'écorce minérale menaçait de se rompre, les massifs granitiques de se rejoindre, la fissure de se combler, le vide de se remplir, et nous, pauvres atomes, nous allions être écrasés dans cette formidable étreinte.

« Mon oncle, mon oncle ! m'écriai-je, nous sommes perdus !

VII

LE RADEAU ONDULA SUR DES FLOTS DE LAVE. (PAGE 340.)

« — Quelle est cette nouvelle terreur ? me répondit-il avec un calme surprenant. Qu'as-tu donc ?

— Ce que j'ai ! Observez ces murailles qui s'agitent, ce massif qui se disloque, cette chaleur torride, cette eau qui bouillonne, ces vapeurs qui s'épaississent, cette aiguille folle, tous les indices d'un tremblement de terre ! »

Mon oncle secoua doucement la tête.

« Un tremblement de terre ? fit-il.

— Oui !

— Mon garçon, je crois que tu te trompes ?

— Quoi ! vous ne reconnaissez pas ces symptômes ?

— D'un tremblement de terre ? non ! J'attends mieux que cela !

— Que voulez-vous dire ?

— Une éruption, Axel.

— Une éruption ! dis-je ; nous sommes dans la cheminée d'un volcan en activité !

— Je le pense, dit le professeur en souriant, et c'est ce qui peut nous arriver de plus heureux ! »

De plus heureux ! Mon oncle était-il donc devenu fou ? Que signifiaient ces paroles ? pourquoi ce calme et ce sourire ?

« Comment ! m'écriai-je, nous sommes pris dans une éruption ! la fatalité nous a jetés sur le chemin des laves incandescentes, des roches en feu, des eaux bouillonnantes, de toutes les matières éruptives! nous allons être repoussés, expulsés, rejetés, vomis, lancés dans les airs avec les quartiers de rocs, les pluies de cendres et de scories, dans un tourbillon de flammes! et c'est ce qui peut nous arriver de plus heureux!

— Oui, répondit le professeur en me regardant par-dessus ses lunettes, car c'est la seule chance que nous ayons de revenir à la surface de la terre!»

Je passe rapidement sur les mille idées qui se croisèrent dans mon cerveau. Mon oncle avait raison, absolument raison, et jamais il ne me parut ni plus audacieux ni plus convaincu qu'en ce moment, où il attendait et supputait avec calme les chances d'une éruption.

Cependant nous montions toujours; la nuit se passa dans ce mouvement ascensionnel; les fracas environnants redoublaient; j'étais presque suffoqué, je croyais toucher à ma dernière heure, et, pourtant, l'imagination est si bizarre, que je me livrai à une recherche véritablement enfantine. Mais je subissais mes pensées, je ne les dominais pas!

Il était évident que nous étions rejetés par une poussée éruptive; sous le radeau, il y avait des eaux bouillonnantes, et sous ces eaux toute une pâte de lave, un agrégat de roches qui, au sommet du cratère, se disperseraient en tous les sens. Nous étions donc dans la cheminée d'un volcan. Pas de doute à cet égard.

Mais cette fois, au lieu du Sneffels, volcan éteint, il s'agissait d'un volcan en pleine activité. Je me demandai donc quelle pouvait être cette montagne et dans quelle partie du monde nous allions être expulsés.

Dans les régions septentrionales, cela ne faisait aucun doute. Avant ses affolements, la boussole n'avait jamais varié à cet égard. Depuis le cap Saknussemm, nous avions été entraînés directement au nord pendant des centaines de lieues. Or, étions-nous revenus sous l'Islande? Devions-nous être rejetés par le cratère de l'Hécla ou par ceux des sept autres monts ignivomes de l'île? Dans un rayon de 500 lieues, à l'ouest, je ne voyais sous ce parallèle que les volcans mal connus de la côte nord-ouest de l'Amérique. Dans l'est, un seul existait sous le quatre-vingtième degré de latitude, l'Esk, dans l'île de Jean Mayen, non loin du Spitzberg! Certes, les cratères ne manquaient pas, et ils se trouvaient assez spacieux pour vomir une armée tout entière! Mais lequel nous servirait d'issue, c'est ce que je cherchais à deviner.

Vers le matin, le mouvement d'ascension s'accéléra. Si la chaleur s'accrut, au lieu de diminuer, aux approches de la surface du globe, c'est quelle était toute locale et due à une influence volcanique. Notre genre de locomotion ne pouvait plus me laisser aucun doute dans l'esprit;

une force énorme, une force de plusieurs centaines d'atmosphères, produite par les vapeurs accumulées dans le sein de la terre, nous poussait irrésistiblement. Mais à quels dangers innombrables elle nous exposait !

Bientôt des reflets fauves pénétrèrent dans la galerie verticale qui s'élargissait ; j'apercevais à droite et à gauche des couloirs profonds semblables à d'immenses tunnels d'où s'échappaient des vapeurs épaisses ; des langues de flammes en léchaient les parois en pétillant.

« Voyez ! voyez, mon oncle ! m'écriai-je.

— Eh bien ! ce sont des flammes sulfureuses. Rien de plus naturel dans une éruption.

— Mais si elles nous enveloppent ?

— Elles ne nous envelopperont pas.

— Mais si nous étouffons ?

— Nous n'étoufferons pas ; la galerie s'élargit et, s'il le faut, nous abandonnerons le radeau pour nous abriter dans quelque crevasse.

— Et l'eau ! et l'eau montante ?

— Il n'y a plus d'eau, Axel, mais une sorte de pâte lavique qui nous soulève avec elle jusqu'à l'orifice du cratère. »

La colonne liquide avait effectivement disparu pour faire place à des matières éruptives assez denses, quoique bouillonnantes. La température devenait insoutenable, et un thermomètre exposé dans cette atmosphère eût marqué plus de soixante-dix degrés ! La sueur m'inondait. Sans la rapidité de l'ascension, nous aurions été certainement étouffés.

Cependant le professeur ne donna pas suite à sa proposition d'abandonner le radeau, et il fit bien. Ces quelques poutres mal jointes offraient une surface solide, un point d'appui qui nous eût manqué partout ailleurs.

Vers huit heures du matin, un nouvel incident se produisit pour la première fois. Le mouvement ascensionnel cessa tout à coup. Le radeau demeura absolument immobile.

« Qu'est-ce donc ? demandais-je, ébranlé par cet arrêt subit comme par un choc.

— Une halte, répondit mon oncle.

— Est-ce l'éruption qui se calme ?

— J'espère bien que non. »

Je me levai. J'essayai de voir autour de moi. Peut-être le radeau, arrêté par une saillie de roc, opposait-il une résistance momentanée à la masse éruptive. Dans ce cas, il fallait se hâter de le dégager au plus vite.

Il n'en était rien. La colonne de cendres, de scories et de débris pierreux avait elle-même cessé de monter.

« Est-ce que l'éruption s'arrêterait ? m'écriai-je.

— Ah ! fit mon oncle les dents serrées, tu le crains, mon garçon ; mais rassure-toi, ce moment de calme ne saurait se prolonger; voilà déjà cinq minutes qu'il dure, et avant peu nous reprendrons notre ascension vers l'orifice du cratère. »

Le professeur, en parlant ainsi, ne cessait de consulter son chronomètre, et il devait avoir encore raison dans ses pronostics. Bientôt le radeau fut repris d'un mouvement rapide et désordonné qui dura deux minutes à peu près, et il s'arrêta de nouveau.

« Bon, fit mon oncle en observant l'heure, dans dix minutes il se remettra en route.

— Dix minutes?

— Oui. Nous avons affaire à un volcan dont l'éruption est intermittente. Il nous laisse respirer avec lui. »

Rien n'était plus vrai. A la minute assignée, nous fûmes lancés de nouveau avec une extrême rapidité; il fallait se cramponner aux poutres pour ne pas être rejeté hors du radeau. Puis la poussée s'arrêta.

Depuis, j'ai réfléchi à ce singulier phénomène sans en trouver une explication satisfaisante. Toutefois il me paraît évident que nous n'occupions pas la cheminée principale du volcan, mais bien un conduit accessoire, où se faisait sentir un effet de contre-coup.

Combien de fois se reproduisit cette manœuvre, je ne saurais le dire; tout ce que je puis affirmer, c'est qu'à chaque reprise du mouvement, nous étions lancés avec une force croissante et comme emportés par un véritable projectile. Pendant les instants de halte, on étouffait; pendant les moments de projection, l'air brûlant me coupait la respiration. Je pensai un instant à cette volupté de me retrouver subitement dans les régions hyperboréennes par un froid de trente degrés au-dessous de zéro. Mon imagination surexcitée se promenait sur les plaines de neige des contrées arctiques, et j'aspirais au moment où je me roulerais sur les tapis glacés du pôle! Peu à peu, d'ailleurs, ma tête, brisée par ces secousses réitérées, se perdit. Sans les bras de Hans, plus d'une fois je me serais brisé le crâne contre la paroi de granit.

Je n'ai donc conservé aucun souvenir précis de ce qui se passa pendant les heures suivantes. J'ai le sentiment confus de détonations continues, de l'agitation du massif, d'un mouvement giratoire dont fut pris le radeau. Il ondula sur des flots de laves, au milieu d'une pluie de cendres. Les flammes ronflantes l'enveloppèrent. Un ouragan qu'on eût dit chassé d'un ventilateur immense activait les feux souterrains. Une dernière fois, la figure de Hans m'apparut dans un reflet d'incendie, et je n'eus plus d'autre sentiment que cette épouvante sinistre des condamnés attachés à la bouche d'un canon, au moment où le coup part et disperse leurs membres dans les airs.

XLIV

Quand je rouvris les yeux, je me sentis serré à la ceinture par la main vigoureuse du guide. De l'autre main il soutenait mon oncle. Je n'étais pas blessé grièvement, mais brisé plutôt par une courbature générale. Je me vis couché sur le versant d'une montagne, à deux pas d'un gouffre dans lequel le moindre mouvement m'eût précipité. Hans m'avait sauvé de la mort, pendant que je roulais sur les flancs du cratère.

« Où sommes-nous? » demanda mon oncle, qui me parut fort irrité d'être revenu sur terre.

Le chasseur leva les épaules en signe d'ignorance.

« En Islande? dis-je.
— « Nej, » répondis Hans.
— Comment! non! s'écria le professeur.
— Hans se trompe, » dis-je en me soulevant.

Après les surprises innombrables de ce voyage, une stupéfaction nous était encore réservée. Je m'attendais à voir un cône couvert de neiges éternelles, au milieu des arides déserts des régions septentrionales, sous les pâles rayons d'un ciel polaire, au delà des latitudes les plus élevées, et, contrairement à toutes ces prévisions, mon oncle, l'Islandais et moi, nous étions étendus à mi-flanc d'une montagne calcinée par les ardeurs du soleil qui nous dévorait de ses feux.

Je ne voulais pas en croire mes regards; mais la réelle cuisson dont mon corps était l'objet ne permettait aucun doute. Nous étions sortis à demi nus du cratère, et l'astre radieux, auquel nous n'avions rien demandé depuis deux mois, se montrait à notre égard prodigue de lumière et de chaleur et nous versait à flots une splendide irradiation.

Quand mes yeux furent accoutumés à cet éclat dont ils avaient perdu l'habitude, je les employai à rectifier les erreurs de mon imagination. Pour le moins, je voulais être au Spitzberg, et je n'étais pas d'humeur à en démordre aisément.

Le professeur avait le premier pris la parole, et dit :

« En effet, voilà qui ne ressemble pas à l'Islande.

— Mais l'île de Jean Mayen? répondis-je.

— Pas davantage, mon garçon. Ceci n'est point un volcan du nord avec ses collines de granit et sa calotte de neige.

— Cependant...

Regarde, Axel, regarde! »

Au-dessus de notre tête, à cinq cents pieds au plus, s'ouvrait le cratère d'un volcan par lequel s'échappait, de quart d'heure en quart d'heure, avec une très forte détonation, une haute colonne de flammes, mêlée de pierres ponces, de cendres et de laves. Je sentais les convulsions de la montagne qui respirait à la façon des baleines, et rejetait de temps à autre le feu et l'air par ses énormes évents. Au-dessous, et par une pente assez roide, les nappes de matières éruptives s'étendaient à une profondeur de sept à huit cents pieds, ce qui ne donnait pas au volcan une hauteur de cent toises. Sa base disparaissait dans une véritable corbeille d'arbres verts, parmi lesquels je distinguai des oliviers, des figuiers et des vignes chargées de grappes vermeilles.

Ce n'était point l'aspect des régions arctiques, il fallait bien en convenir.

Lorsque le regard franchissait cette verdoyante enceinte, il arrivait rapidement à se perdre dans les eaux d'une mer admirable ou d'un lac, qui faisait de cette terre enchantée une île large de quelques lieues à peine. Au levant, se voyait un petit port précédé de quelques maisons, et dans lequel des navires d'une forme particulière se balançaient aux ondulations des flots bleus. Au delà, des groupes d'îlots sortaient de la plaine liquide, et si nombreux, qu'ils ressemblaient à une vaste fourmilière. Vers le couchant, des côtes éloignées s'arrondissaient à l'horizon sur les unes se profilaient des montagnes bleues d'une harmonieuse conformation; sur les autres, plus lointaines, apparaissait un cône prodigieusement élevé au sommet duquel s'agitait un panache de fumée. Dans le nord, une immense étendue d'eau étincelait sous les rayons solaires, laissant poindre çà et là l'extrémité d'une mâture ou la convexité d'une voile gonflée au vent.

L'imprévu d'un pareil spectacle en centuplait encore les merveilleuses beautés.

« Où sommes-nous? où sommes-nous? » répétais-je à mi-voix.

Hans fermait les yeux avec indifférence, et mon oncle regardait sans comprendre.

« Quelle que soit cette montagne, dit-il enfin, il y fait un peu chaud; les explosions ne discontinuent pas, et ce ne serait vraiment pas la peine d'être sortis d'une éruption pour recevoir un morceau de roc sur la tête. Descendons, et nous saurons à quoi nous en tenir. D'ailleurs je meurs de faim et de soif. »

Décidément le professeur n'était point un esprit contemplatif. Pour mon compte, oubliant le besoin et les fatigues, je serais resté à cette place pendant de longues heures encore, mais il fallut suivre mes compagnons.

Le talus du volcan offrait des pentes très

raides; nous glissions dans de véritables fondrières de cendres, évitant les ruisseaux de lave qui s'allongeaient comme des serpents de feu. Tout en descendant, je causais avec volubilité, car mon imagination était trop remplie pour ne point s'en aller en paroles.

« Nous sommes en Asie, m'écriai-je, sur les côtes de l'Inde, dans les îles Malaises, en pleine Océanie! Nous avons traversé la moitié du globe pour aboutir aux antipodes de l'Europe.

— Mais la boussole? répondit mon oncle.

— Oui! la boussole! disais-je d'un air embarrassé. A l'en croire, nous avons toujours marché au nord.

— Elle a donc menti?

— Oh! menti!

— A moins que ceci ne soit le pôle nord!

— Le pôle! non; mais... »

Il y avait là un fait inexplicable. Je ne savais qu'imaginer.

Cependant nous nous rapprochions de cette verdure qui faisait plaisir à voir. La faim me tourmentait et la soif aussi. Heureusement, après deux heures de marche, une jolie campagne s'offrit à nos regards, entièrement couverte d'oliviers, de grenadiers et de vignes qui avaient l'air d'appartenir à tout le monde. D'ailleurs, dans notre dénûment, nous n'étions point gens à y regarder de si près. Quelle jouissance ce fut de presser ces fruits savoureux sur nos lèvres et de mordre à pleines grappes dans ces vignes vermeilles ! Non loin, dans l'herbe, à l'ombre délicieuse des arbres, je découvris une source d'eau fraîche, où notre figure et nos mains se plongèrent voluptueusement.

Pendant que chacun s'abandonnait ainsi à toutes les douceurs du repos, un enfant apparut entre deux touffes d'oliviers.

« Ah ! m'écriai-je, un habitant de cette heureuse contrée ! »

C'était une espèce de petit pauvre, très misérablement vêtu, assez souffreteux, et que notre aspect parut effrayer beaucoup ; en effet, deminus, avec nos barbes incultes, nous avions fort mauvaise mine, et, à moins que ce pays ne fût un pays de voleurs, nous étions faits de manière à effrayer ses habitants.

Au moment où le gamin allait prendre la fuite, Hans courut après lui et le ramena, malgré ses cris et ses coups de pied.

Mon oncle commença par le rassurer de son mieux et lui dit en bon allemand :

« Quel est le nom de cette montagne, mon petit ami ? »

L'enfant ne répondit pas.

« Bon, fit mon oncle, nous ne sommes point en Allemagne. »

Et il redit la même demande en anglais.

L'enfant ne répondit pas davantage. J'étais très intrigué.

« Est-il donc muet? » s'écria le professeur, qui, très fier de son polyglottisme, recommença la même demande en français.

Même silence de l'enfant.

« Alors essayons de l'italien », reprit mon oncle; et il dit en cette langue :

« *Dove noi siamo?*

— Oui! où sommes-nous? » répétai-je avec impatience.

L'enfant de ne point répondre.

« Ah çà! parleras-tu? s'écria mon oncle, que la colère commençait à gagner, et qui secoua l'enfant par les oreilles. *Come si noma questa isola?*

— *Stromboli*, » répondit le petit pâtre, qui s'échappa des mains de Hans et gagna la plaine à travers les oliviers.

Nous ne pensions guère à lui! Le Stromboli! Quel effet produisit sur mon imagination ce nom inattendu! Nous étions en pleine Méditerranée, au milieu de l'archipel éolien de mythologique mémoire, dans l'ancienne Strongyle, où Éole tenait à la chaîne les vents et les tempêtes. Et ces montagnes bleues qui s'arrondissaient au levant, c'étaient les montagnes de la Calabre! Et ce volcan dressé à l'horizon du sud, l'Etna, le farouche Etna lui-même.

« Stromboli! le Stromboli! » répétai-je.

Mon oncle m'accompagnait de ses gestes et de ses paroles. Nous avions l'air de chanter un chœur!

Ah! quel voyage! Quel merveilleux voyage! Entrés par un volcan, nous étions sortis par un autre, et cet autre était situé à plus de douze cents lieues du Sneffels, de cet aride pays de l'Islande jeté aux confins du monde! Les hasards de cette expédition nous avaient tranportés au sein des plus harmonieuses contrées de la terre! Nous avions abandonné la région des neiges éternelles pour celle de la verdure infinie et laissé au-dessus de nos têtes le brouillard grisâtre des zones glacées pour revenir au ciel azuré de la Sicile!

Après un délicieux repas composé de fruits et d'eau fraîche, nous nous remîmes en route pour gagner le port de Stromboli. Dire comment nous étions arrivés dans l'île ne nous parut pas prudent : l'esprit superstitieux des Italiens n'eût pas manqué de voir en nous des démons vomis du sein des enfers; il fallut donc se résigner à passer pour d'humbles naufragés. C'était moins glorieux, mais plus sûr.

Chemin faisant, j'entendais mon oncle murmurer :

« Mais la boussole! la boussole, qui marquait le nord! comment expliquer ce fait?

VIII

MON ONCLE DEMI-NU. DRESSANT SES LUNETTES SUR SON NEZ
(PAGE 350.)

— Ma foi ! dis-je avec un grand air de dédain, il ne faut pas l'expliquer, c'est plus facile !

— Par exemple ! un professeur au Johannæum qui ne trouverait pas la raison d'un phénomène cosmique, ce serait une honte ! »

En parlant ainsi, mon oncle, demi-nu, sa bourse de cuir autour des reins et dressant ses lunettes sur son nez, redevint le terrible professeur de minéralogie.

Une heure après avoir quitté le bois d'oliviers, nous arrivions au port de San-Vicenzo, où Hans réclamait le prix de sa treizième semaine de service, qui lui fut compté avec de chaleureuses poignées de main.

En cet instant, s'il ne partagea pas notre émotion bien naturelle, il se laissa aller du moins à un mouvement d'expansion extraordinaire.

Du bout de ses doigts il pressa légèrement nos deux mains et se mit à sourire

XLV

Voici la conclusion d'un récit auquel refuseront d'ajouter foi les gens les plus habitués à ne s'étonner de rien. Mais je suis cuirassé d'avance contre l'incrédulité humaine.

Nous fûmes reçus par les pêcheurs stromboliotes avec les égards dus à des naufragés. Ils nous donnèrent des vêtements et des vivres. Après quarante-huit heures d'attente, le 31 août, un petit speronare nous conduisit à Messine, où quelques jours de repos nous remirent de toutes nos fatigues.

Le vendredi 4 septembre, nous nous embarquions à bord du *Volturne*, l'un des paquebots-postes des messageries impériales de France, et trois jours plus tard, nous prenions terre à Marseille, n'ayant plus qu'une seule préoccupation dans l'esprit, celle de notre maudite boussole. Ce fait inexplicable ne laissait pas de me tracasser très sérieusement. Le 9 septembre au soir, nous arrivions à Hambourg.

Quelle fut la stupéfaction de Marthe, quelle fut la joie de Graüben, je renonce à le décrire.

« Maintenant que tu es un héros, me dit ma chère fiancée, tu n'auras plus besoin de me quitter, Axel ! »

Je la regardai. Elle pleurait en souriant.

Je laisse à penser si le retour du professeur Lidenbrock fit sensation à Hambourg. Grâce aux indiscrétions de Marthe, la nouvelle de son départ pour le centre de la terre s'était répandue dans le monde entier. On ne voulut pas y croire, et, en le revoyant, on n'y crut pas davantage.

Cependant la présence de Hans, et diverses

informations venues d'Islande modifièrent peu à peu l'opinion publique.

Alors mon oncle devint un grand homme, et moi, le neveu d'un grand homme, ce qui est déjà quelque chose. Hambourg donna une fête en notre honneur. Une séance publique eut lieu au Johannæum, où le professeur fit le récit de son expédition et n'omit que les faits relatifs à la boussole. Le jour même, il déposa aux archives de la ville le document de Saknussemm, et il exprima son vif regret de ce que les circonstances, plus fortes que sa volonté, ne lui eussent pas permis de suivre jusqu'au centre de la terre les traces du voyageur islandais. Il fut modeste dans sa gloire, et sa réputation s'en accrut.

Tant d'honneur devait nécessairement lui susciter des envieux. Il en eut, et, comme ses théories, appuyées sur des faits certains, contredisaient les systèmes de la science sur la question du feu central, il soutint par la plume et par la parole de remarquables discussions avec les savants de tous pays.

Pour mon compte, je ne puis admettre sa théorie du refroidissement : en dépit de ce que j'ai vu, je crois et je croirai toujours à la chaleur centrale; mais j'avoue que certaines circonstances encore mal définies peuvent modifier cette loi sous l'action de phénomènes naturels.

Au moment où ces questions étaient palpitantes,

mon oncle éprouva un vrai chagrin. Hans, malgré ses instances, avait quitté Hambourg; l'homme auquel nous devions tout ne voulut pas nous laisser lui payer notre dette. Il fut pris de la nostalgie de l'Islande.

« Färval, » dit-il un jour, et sur ce simple mot d'adieu, il partit pour Reykjawik, où il arriva heureusement.

Nous étions singulièrement attachés à notre brave chasseur d'eider; son absence ne le fera jamais oublier de ceux auxquels il a sauvé la vie, et certainement je ne mourrai pas sans l'avoir revu une dernière fois.

Pour conclure, je dois ajouter que ce « *Voyage au centre de la terre* » fit une énorme sensation dans le monde. Il fut imprimé et traduit dans toutes les langues; les journaux les plus accrédités s'en arrachèrent les principaux épisodes, qui furent commentés, discutés, attaqués, soutenus avec une égale conviction dans le camp des croyants et des incrédules. Chose rare! mon oncle jouissait de son vivant de toute la gloire qu'il avait acquise, et il n'y eut pas jusqu'à M. Barnum qui ne lui proposât de « l'exhiber » à un très haut prix dans les États de l'Union.

Mais un ennui, disons même un tourment, se glissait au milieu de cette gloire. Un fait demeurait inexplicable, celui de la boussole. Or, pour un savant pareil phénomène inexpliqué devient un supplice de l'intelligence. Eh bien! le ciel réservait à mon oncle d'être complètement heureux.

Un jour, en rangeant une collection de minéraux dans son cabinet, j'aperçus cette fameuse boussole et je me mis à observer.

Depuis six mois elle était là, dans son coin, sans se douter des tracas qu'elle causait.

Tout à coup, quelle fut ma stupéfaction! Je poussai un cri. Le professeur accourut.

« Qu'est-ce donc? demanda-t-il.

— Cette boussole!...

— Eh bien?

— Mais son aiguille indique le sud et non le nord!

— Que dis-tu?

— Voyez! ses pôles sont changés.

— Changés! »

Mon oncle regarda, compara, et fit trembler la maison par un bond superbe.

Quelle lumière éclairait à la fois son esprit et le mien!

« Ainsi donc, s'écria-t-il, dès qu'il retrouva la parole, après notre arrivée au cap Saknussemm, l'aiguille de cette damnée boussole marquait sud au lieu du nord?

— Évidemment.

— Notre erreur s'explique alors. Mais quel phénomène a pu produire ce renversement des pôles?

— Rien de plus simple.

— Explique-toi, mon garçon.

— Pendant l'orage, sur la mer Lidenbrock, cette boule de feu, qui aimantait le fer du radeau, avait tout simplement désorienté notre boussole !

— Ah ! s'écria le professeur, en éclatant de rire, c'était donc un tour de l'électricité ? »

A partir de ce jour, mon oncle fut le plus heureux des savants, et moi le plus heureux des hommes, car ma jolie Virlandaise, abdiquant sa position de pupille, prit rang dans la maison de König-strasse en la double qualité de nièce et d'épouse. Inutile d'ajouter que son oncle fut l'illustre professeur Otto Lidenbrock, membre correspondant de toutes les Sociétés scientifiques, géographiques et minéralogiques des cinq parties du monde.

PARIS. — L. DE SOYE, IMPRIMEUR, 18, RUE DES FOSSÉS-S.-JACQUES, V°.
Téléph. 806-44

www.ingramcontent.com/pod-product-compliance
Lightning Source LLC
Chambersburg PA
CBHW070904170426
43202CB00012B/2188